江苏联合职业技术学院院本教材
经学院教材审定委员会审定通过

职业教育园林园艺类专业系列教材

园林工程 CAD

主　编　唐登明　顾春荣
副主编　宋大娟　杨　磊
参　编　宋大烨　董长龙　陈　治　蒋守清

机械工业出版社

本书本着"够用、实用"的原则，根据项目式教学模式，以 AutoCAD 2015 为绘图工具，通过适量的图例完成教学任务，避免过多枯燥的理论和不常用的内容，强调知识的应用，着重培养学生分析问题、解决问题的能力，力求贴近园林工程设计实际。本书图文并茂，结构合理，共包括初识 AutoCAD 2015、绘制足球场平面图、绘制石桌立面图、绘制"我的家园"、绘制石凳平面图和立面图、绘制庭院灯平面图和立面图、绘制小游园绿化设计平面图、绘制园林小房子效果图、图纸布局与打印输出九个项目，每个项目的安排都遵循由简到繁、由易到难的特点，便于学生掌握。

本书可作为职业院校园林专业教学用书，也可作为相关专业的培训教材。

为方便教学，本书配有电子教学资源。凡选用本书作为授课教材的老师均可登录 www.cmpedu.com 以教师身份免费注册下载，或加入机工社园林园艺专家 QQ 群（425764048）索取。如有疑问，请拨打编辑电话 010-88379373。

图书在版编目（CIP）数据

园林工程CAD/唐登明，顾春荣主编. —北京：机械工业出版社，2020.8（2025.1重印）

职业教育园林园艺类专业系列教材

ISBN 978-7-111-65218-2

Ⅰ.①园… Ⅱ.①唐…②顾… Ⅲ.①园林设计-计算机辅助设计-AutoCAD软件-职业教育-教材 Ⅳ.①TU986.2-39

中国版本图书馆CIP数据核字（2020）第053397号

机械工业出版社（北京市百万庄大街22号 邮政编码100037）

策划编辑：陈紫青　责任编辑：陈紫青

责任校对：刘雅娜　封面设计：马精明

责任印制：单爱军

北京虎彩文化传播有限公司印刷

2025年1月第1版第7次印刷

210mm×285mm·13.25印张·328千字

标准书号：ISBN 978-7-111-65218-2

定价：45.00元

电话服务　　　　　　　　　网络服务

客服电话：010-88361066　　机　工　官　网：www.cmpbook.com
　　　　　010-88379833　　机　工　官　博：weibo.com/cmp1952
　　　　　010-68326294　　金　书　网：www.golden-book.com

封底无防伪标均为盗版　机工教育服务网：www.cmpedu.com

前　言

本书根据园林技术专业人才培养方案和园林行业要求，以培养园林专业学生的职业素质和岗位能力为出发点，为训练学生的 CAD 技术综合应用能力和相关职业技能而组织编写。本书教学内容切合园林工程设计实际，图例丰富，易于操作，体现"够用、实用"原则，为园林专业学生掌握 CAD 制图技术提供了便捷之路。本书可作为职业院校园林专业教学用书，也可作为相关专业的培训教材。其主要特点如下：

【结构合理】本书围绕园林技术专业所需的基本知识和必要能力编写，共九个项目。除了项目一、项目八和项目九外（内容简单、易于掌握），每个项目在明确学习目标和学习难点的基础上，均设置了"知识篇""实战篇""提高篇"等环节，由简到繁，由易到难，循序渐进。

【任务驱动】课程设计以完成图例任务为教学目标，图文并茂。通过图例练习掌握相关知识和技能，列出了"命令程序"和"特别提醒"，还对大多数命令作了详细的注解，以便使学生少走弯路，快捷入门、上手，强调"做中教、做中学"的课程建设理念。

【强调应用】本书许多实例紧贴园林工程设计实际，与行业对接，重视知识的综合应用，培养学生分析问题、解决问题的能力，使其能够充分运用所学知识，进行综合图例的绘制，从设计方案、绘图流程、调整布局、图纸打印等方面进行训练，进一步培养学习、思考、应用的独立工作能力；并根据学生对知识的掌握程度，进行技能拓展与提高训练，以体现因材施教、分层培养、分类指导的要求。

【简洁适用】编者从事园林 CAD 教学及园林工程设计多年，熟悉园林工程设计中的各个技术环节，精通 CAD 制图技术，了解学生的实际需求，本着"够用、实用"的原则，尽量省去不常用、较生僻的内容。

本书由唐登明和顾春荣任主编，宋大娟和杨磊任副主编，宋大烨、董长龙、陈治和蒋守清参与编写。全书编写过程中还得到了朱余清教授的大力指导，以及江苏大观园景观建设工程有限公司和金海岸科技有限公司等单位专家的关心和支持，在此一并表示衷心的感谢！

由于编者水平有限，书中难免有不妥和错漏之处，恳请同行和读者批评指正。

编　者

目 录

前　言

项目一　初识 AutoCAD 2015 ／ 1

知识篇 ／ 1
实战篇 ／ 3
思考题 ／ 11

项目二　绘制足球场平面图 ／ 13

知识篇 ／ 13
　【直线】　＜ line ＞ ／ 13
　【偏移】　＜ offset ＞ ／ 20
　【镜像】　＜ mirror ＞ ／ 21
　【修剪】　＜ trim ＞ ／ 21
　【删除】　＜ erase ＞ ／ 22
　【圆弧】　＜ arc ＞ ／ 22
　【圆】　＜ circle ＞ ／ 25
　【圆心标记】　＜ dimcenter ＞ ／ 30
实战篇 ／ 30
提高篇 ／ 34
思考题 ／ 38

项目三　绘制石桌立面图 ／ 39

知识篇 ／ 39
　【矩形】　＜ rectang ＞ ／ 39
　【倒圆角】　＜ fillet ＞ ／ 40
　【图案填充】　＜ bhatch ＞ ／ 42
　【延伸】　＜ extend ＞ ／ 45
　【打断】　＜ break ＞ ／ 46
　【对象特性】 ／ 46
实战篇 ／ 50
提高篇 ／ 57
思考题 ／ 60

项目四　绘制"我的家园" ／ 61

知识篇 ／ 61
　【样条曲线】　＜ spline ＞ ／ 61
　【椭圆】　＜ ellipse ＞ ／ 62

【多行文字】＜mtext＞ / 63
【缩放】＜scale＞ / 66
【正多边形】＜polygon＞ / 67
实战篇 / 71
提高篇 / 79
思考题 / 84

项目五 绘制石凳平面图和立面图 / 85

知识篇 / 85
【复制】＜copy＞ / 85
【移动】＜move＞ / 86
【标注】 / 87
实战篇 / 93
提高篇 / 96
思考题 / 101

项目六 绘制庭院灯平面图和立面图 / 103

知识篇 / 103
【阵列】＜array＞ / 103
【拉伸】＜stretch＞ / 106
【分解】＜explode＞ / 106
【特性匹配】＜matchprop＞ / 107
【图层】 / 107
实战篇 / 108
提高篇 / 117
思考题 / 125

项目七 绘制小游园绿化设计平面图 / 127

知识篇 / 127
【旋转】＜rotate＞ / 127
【定数等分】＜divide＞ / 134
【多段线】＜pline＞ / 136
【图块】＜block＞ / 138
实战篇 / 141
提高篇 / 151
思考题 / 162

项目八 绘制园林小房子效果图 / 164

知识篇 / 164
实战篇 / 171
思考题 / 189

项目九　图纸布局与打印输出 / 190

　　实战篇 / 190

参考文献 / 206

项目一　初识 AutoCAD 2015

学习目标

1. 了解 AutoCAD 设计流程，熟悉其用户界面。
2. 掌握 AutoCAD 2015 的基本操作。
3. 学会文件操作和对象选择。

学习难点

掌握 AutoCAD 的基本操作。

知 识 篇

1. AutoCAD 在园林设计中的优势

随着计算机硬件技术的飞速发展和计算机辅助设计（CAD）软件功能的不断完善，借助计算机的强大功能从事设计工作已是许多设计人员的主要工作方式。在园林设计领域，AutoCAD 软件正迅速取代绘图笔和画板，成为主要的设计工具。

与手工绘图相比，利用 AutoCAD 进行园林规划设计具有十分明显的优势。

1）绘图效率高。AutoCAD 不但具有极高的绘图精度，作图速度快也是一大优势，特别是它的复制功能非常强，使绘图者得以从繁重的重复工作中解脱出来，拥有更多的时间来思考设计的合理性。

2）便于设计资料的组织、存储及调用。AutoCAD 图形文件可以存储在计算机、网盘、光盘等介质中，节省存储费用，并且可复制多个副本，加强资料的安全性。在设计过程中，通过 AutoCAD 便可快速准确地调用以前的设计资料，提高设计效率。

3）便于设计方案的交流、修改。互联网的发展使得各地的设计师、施工技术人员可以在不同的地方通过 AutoCAD 方便地对设计进行交流、修改，大大提高了设计的合理性。

4）可对各方案相对成本进行检测。通过 AutoCAD 的数据库功能，可方便快速地计算出各设计方案的成本，为设计提供指导。

5）可使设计方案表现得更直观。通过 AutoCAD 的三维设计功能，可以方便快捷地生成多视角的三维透视图或做成动画，以便更直观地感受设计。

6）AutoCAD 具有良好的二次开发性，使得软件更能符合专业设计的需要，这也是 AutoCAD 能够在园林设计行业得到广泛应用的主要原因之一。

2. AutoCAD 2015 常规设计流程

1）启动 AutoCAD 2015，用样板文件创建一个新图形文件。

2）设置绘图环境

① 设定单位（将测量单位设为"小数"）。

② 设定图形界限。

③ 设定栅格和捕捉（可以启用"栅格"和"捕捉"工具）。

3）设置图层

① 增加图层，如"图形""文字""标注""绿化""填充""中心线"等。

② 为各图层设定颜色。

③ 为各图层设定线型。

④ 为各图层设定线宽。

4）设定文字样式（设定文字的外观形式）。

5）设定标注样式（设定尺寸标注的外观形式）。

6）绘制图形（如按 1∶1 的比例绘制图形）。

7）设置图纸布局。

8）输入文字。

9）进行图案填充。

10）进行尺寸标注。

11）保存图形文件。

12）输出（绘制好的图形可以通过打印设备输出到图纸上）。

3. AutoCAD 2015 的用户界面

双击"AutoCAD 2015 中文版"图标，进入 AutoCAD 2015 的用户界面。AutoCAD 2015 为用户提供了"草图与注释""三维基础""三维建模"3 个工作空间。图 1-1 所示的是"草图与注释"工作界面。对于新用户来说，可以直接从这个界面来学习 AutoCAD 的平面图绘制技术。

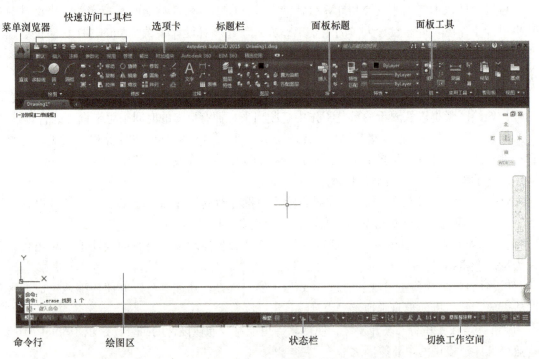

图 1-1　AutoCAD 2015 "草图与注释"工作界面

在快速访问工具栏，还可单击倒三角按钮弹出下拉菜单，随时打开或关闭菜单栏。下面讲解这个工作空间的常见界面元素。

(1) 标题栏

在标题栏中，除了当前图形文件的标题，以及"最小化""最大化（还原）""关闭"按钮之外，还有快速访问工具栏以及信息中心等。

在快速访问工具栏上，可以存储经常使用的命令。默认状态下，系统提供了"新建""打开""保存""打印""放弃""重做"等按钮。在快速访问工具栏上单击鼠标右键，然后单击"自定义快速访问工具栏"，打开"自定义用户界面"对话框，用户可以自定义访问工具栏上的命令。

信息中心可以帮助用户同时搜索多个资源，也可以搜索单个文件或某个具体的位置。

在 AutoCAD 2015 版本中，光标悬停在命令或控件上时，可以得到基本内容提示，其中包含对该命令或控件的概括说明、命令名、快捷键和命令标记；当光标在命令或控件上的悬停时间累积超过特定数值时，将显示补充工具提示。该功能对新用户学习软件有很大的帮助。

(2) 绘图窗口

绘图窗口是用户的工作窗口，用户所做的一切工作（如绘制图形、输入文本及标注尺寸等）均要在该窗口中得到体现。该窗口内的选项卡用于图形输出时"模型"空间和"图纸"空间的切换。

绘图窗口的左下方可见一个 L 形箭头轮廓，即坐标系（UCS）图标，它指示了绘图的方位。三维绘图在很大程度依赖于该图标。图标上的 X 和 Y 指出了图形的 X 轴和 Y 轴方向。字母 W 表示当前处于世界坐标系（World Goordinate System）。

(3) 命令行提示区

命令行提示区用于通过键盘输入命令，位于绘图窗口的底部。用户可以通过鼠标放大或缩小该区。

通常命令行提示区最底下显示的信息为"键入命令："，表示 AutoCAD 正在等待用户输入指令。命令行提示区显示的信息是 AutoCAD 与用户的对话。通过其右边的滚动条可以查看用户的历史操作。

(4) 状态栏

状态栏位于 AutoCAD 2015 工作界面的底部。状态栏左侧显示"模型"或"图纸"空间，右侧显示一些常用的工具。

(5) 十字光标

十字光标用于定位点、选择和绘制对象，由定点设备（如鼠标等）控制。当移动定点设备时，十字光标的位置会作相应的移动，就像手工绘图中的笔一样方便。

(6) 功能区

功能区为与当前工作空间相关的操作提供了一个简洁的放置区域。使用功能区时，无需再显示中文版 AutoCAD 2015 的多个工具栏，这使得应用程序窗口变得简洁有序。功能区可以通俗地理解为集成的工具栏，它由选项卡组成，不同的选项卡下又集成了多个面板，不同的面板上放置了大量的某一类型的工具，如图 1-2 所示。

图 1-2　功能区

实　战　篇

1. AutoCAD 2015 的基本操作

(1) 命令的输入与运行

AutoCAD 绘图需要输入必要的命令和参数。常用的命令输入方式为图标输入和键盘输入。命令的执行以人机对话的方式来完成。

在命令运行的过程中，一般不能穿插运行其他命令，但有少数命令可以例外，这类命令称为透明命令，例如：zoom、pan、help 等。在作透明命令使用时，命令前需加"'"符号，以示区别，这类命令也可作常规命令使用。

1）命令的输入。在命令行显示"键入命令:"提示符时，可用以下方法输入命令：

① 用面板图标输入命令。用鼠标单击面板中的图标，即执行该图标对应的命令。

② 用键盘输入命令。用键盘在 AutoCAD 命令行输入要执行命令的名称（不分大小写），然后按回车键或空格键执行命令。

一个命令有多种输入方法。用面板图标输入命令直观、迅速，但受显示屏幕限制，不能将所有的工具栏都排列在屏幕上，适合输入最常用的命令；用键盘输入命令迅速快捷，但要求熟记命令名称，适合输入常用的命令和级联菜单不易选取的命令。

2）命令执行过程中参数的输入。在命令执行过程中，往往需要输入一些参数来控制命令的运行，这些可选参数常会显示在命令行中。按其提示，输入字母后回车，即可完成该参数的输入。

（2）命令的重复、中断、撤销与重做

1）命令的重复。命令的重复常用以下方法执行：

① 按回车键或空格键。

② 在绘图区单击鼠标右键，在快捷菜单中选择"重复××命令"。

2）命令的中断。在命令执行的过程中，通常不能穿插运行其他命令（透明命令除外）。若要中断当前命令的运行，则可以按键盘上的＜Esc＞键。命令中断后，在命令行会显示"命令:"提示符。

3）命令的撤销。命令的撤销有以下几种方法：

① 命令：u。"u"命令可以撤销刚才执行的命令。其使用没有次数限制，可以沿着绘图顺序一步一步后退，直至返回图形打开时的状态。

② 快捷键：＜Ctrl+Z＞。

4）命令的重做。命令的重做常用以下方法执行：

① 命令：redo。"redo"命令可用于将刚刚放弃的操作重新恢复。"redo"命令必须在执行完"u"命令之后立即使用，且仅能恢复上一步"u"命令所撤销的操作。

② 快捷键：＜Ctrl+Y＞。

（3）对象的删除和恢复

对已绘制的图形对象，可以对其进行删除操作，其方法有以下几种：

1）命令：erase（简写 e）。

2）面板："修改"→"删除"。

3）快捷键：＜Delete＞。

运行"e"命令后，命令行提示"选择对象:"，此时可以用鼠标逐个选取要删除的对象，然后回车，即可将其删除。

（4）鼠标的使用

进入命令之后，需要根据命令提示区的提示输入命令参数，该参数可能是一个数、一个点或一个图形对象等。拾取操作多使用鼠标完成，为了充分理解鼠标的功能，可进行如下操作：

1）建立新图形，不执行任何操作，将光标移动到绘图区域中。不难发现，在绘图区域中，AutoCAD 光标通常为十字交叉形式。

2）将光标移至菜单选项、工具按钮或对话框内，它会变成一个箭头。此时单击鼠标左键，能执行相应的菜单项或按钮的选择。

3）在命令行提示区中输入 L 并按〈Enter〉键，进入直线命令，命令行提示区中显示"指定第一个点:"，说明光标正处于"拾取点"的状态。在绘图窗口内单击指定一点，光标变成如图 1-3a 所示的形式，此时命令行会提示"指定下一点或 [放弃（U）]:"，再在绘图窗口单击可以指定另外一点，完成直线的绘制。

4）在命令行中输入 erase 并按〈Enter〉键，命令行提示区中会显示"选择对象："，光标转化为如图 1-3b 所示的形式，此时光标处于拾取对象的状态。当光标置于直线对象上时，直线对象显示为高亮，通过单击可以对此对象执行 erase（删除）操作，将其删除。

鼠标右键的快捷菜单还提供了一些有用的命令。单击鼠标右键得到如图 1-4a 所示的快捷菜单，如果按下 <Ctrl> 键的同时单击鼠标右键，则系统会弹出如图 1-4b 所示的快捷菜单。若当前有对象被选中，则单击鼠标右键弹出的快捷菜单会根据所选对象而有所改变。

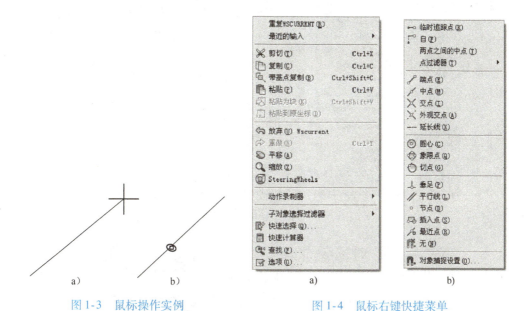

图 1-3　鼠标操作实例　　　　图 1-4　鼠标右键快捷菜单

鼠标在绘图中能够引导系统弹出快捷菜单，快捷菜单的内容由单击鼠标右键的位置以及是否配合其他键来决定，以方便快捷地完成一系列操作，包括命令和变量的输入、设置等。对于三键鼠标，弹出快捷菜单的通常是鼠标的中间滚轮。

2. AutoCAD 2015 的文件操作

AutoCAD 2015 中常用的文件操作命令包括新建、打开、保存和另存为等。

（1）新建文件

命令：new

快速访问工具栏："文件"→"新建"。

单击快速访问工具栏左边的"新建"按钮，弹出对话框，如图 1-5 所示。在该对话框中，单击"打开"按钮右边的倒三角，在下拉菜单中选择"无样板打开-公制"打开。

"选择样板"对话框用于设置新建图形文件的环境，如图 1-6 所示。样板是指已设置好基本绘图环境的".dwt"格式文件。使用样板可使新建的图形文件具有与样板相同的绘图环境，从而大大减少重复的绘图环境设置工作。

（2）打开文件并观察图形

1）打开文件

命令：open

快速访问工具栏："文件"→"打开"。输入命令或单击"打开"按钮后，弹出对话框，如图 1-7 所示。

在文件列表中双击文件名，或单击文件名后单击"打开"按钮，将打开所选文件。如果文件不在列表中，可从"查找范围"下拉列表中寻找目标文件夹。"打开"命令除了可以打开一个已存在的图形文件外，还包括以下功能：

图1-5 "选择样板"对话框

图1-6 使用样板新建图形

① 同时打开多个文件。按住<Ctrl>键或<Shift>键,同时用鼠标连续选取多个文件,单击"打开"按钮,即可将选中的所有文件全部打开。

② 以只读方式打开文件。以此方式打开的文件不可修改。

③ 局部打开文件。当文件中包括了命名视图时,可以依照视图将图形中的某个视图及其相关的环境设定打开。单击"局部打开"按钮后,从要加载几何图形的图层中选择要打开的图层,然后单击"打开"按钮即可。

2)鼠标滚轮的缩放、平移功能。如果使用带滚轮的鼠标作为电脑外设,可以利用滚轮对图形进行缩放。向前滚动滚轮图形放大;向后滚动滚轮图形缩小;双击滚轮(或中间键)时,图形在当前窗口中最大化显示。

当在绘图区按下滚轮(或中间键)时,光标会变成手状,此时图形将随着鼠标的移动而进行平移。

图1-7 "选择文件"对话框

(3) 保存文件

命令：save

快速访问工具栏："文件"→"保存"

快捷键：<Ctrl+S>。

如果编辑的文件已经命名，则系统不作任何提示，直接以当前文件名存盘；如果尚未命名，将弹出对话框，让用户确认保存路径和文件名后再保存。

(4) 另存文件

命令：saveas

快速访问工具栏："文件"→"另存为"。

执行该命令后，弹出对话框，如图1-8所示。在文件名文本框内输入文件的名称。若要改变文件存放的位置，可在"保存于"下拉列表中选取新的文件夹。要改变文件格式，可在"文件类型"下拉列表中选择需要的格式。AutoCAD常用的文件格式有：

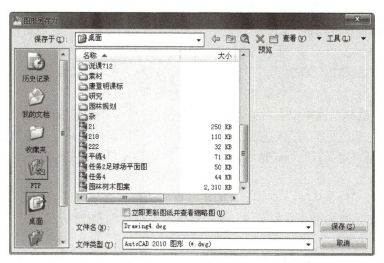

图1-8 "图形另存为"对话框

1) dwg格式：此格式是AutoCAD的专用图形文件格式，不同版本的AutoCAD，其图形文件格式不同，高版本的图形文件不能在低版本的AutoCAD中打开。

2）dwt 格式：此格式是 AutoCAD 的样板文件格式，建立样板文件对大量的绘图作业十分有用，可以避免重复操作。

3）dxf 格式：此格式是一种通用数据交换文件格式，采用此格式的 AutoCAD 图形可以被其他设计软件读取。

4）bak 格式：此格式是 AutoCAD 的备份文件格式，AutoCAD 在打开文件的时候会自动建立同名的 .bak 文件。当图形文件出现错误不能正常打开时，可以修改 bak 后缀为 dwg，恢复之前的绘图工作。

3. AutoCAD 2015 的选择对象和使用帮助

（1）选择对象

在编辑过程中，不论是先激活"编辑"命令，还是先选择编辑对象，都需要为编辑过程创建选择集。选择对象时，被选中的对象呈虚线或亮线，如图 1-9 所示。

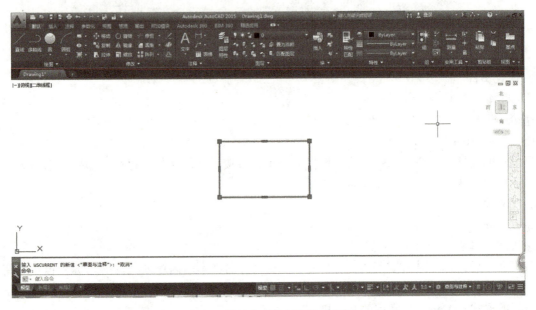

图 1-9　被选中对象呈虚线或亮线

当输入一条"编辑"命令或进行其他操作时，AutoCAD 一般会提示"选择对象："，表示要求用户从屏幕上选取操作的实体，此时十字光标框变成了一个小方框（称为选择框）。用户也可以在命令行输入相应的参数，选用不同的实体选择方式。下面将对主要的选择方式进行介绍。

1）单击：将选择框直接移放到对象上，单击鼠标左键即可选择对象。

2）窗选：将选择框移动到图中空白处，单击鼠标左键，AutoCAD 会接着提示"指定对角点："。此时将光标移动至另一位置后再单击鼠标左键，AutoCAD 会自动以这两个点作为矩形的对角顶点，确定一个矩形窗口。若矩形窗口定义时光标是从左向右移动，则矩形窗口为蓝色实线，在窗口内部的对象均被选中，如图 1-10 所示。

若矩形窗口定义时光标是从右向左移动，则矩形窗口为绿色虚线（此窗口称为交叉窗口）。不仅在窗口内部的对象被选中，与窗口边界相交的对象也被选中，如图 1-11 所示。

3）全选：输入 ALL 后回车，自动选择图中所有对象。

4）栏选：输入 F 后回车，进入栏选方式，选择与多段折线各边相交的所有对象，如图 1-12 所示。

5）围圈：输入 WP 后回车，进入围圈方式。凡完全被框中的则被选中，而仅与对象交叉的对象则不能被选中，如图 1-13 所示。

6）圈交：输入 CP 后回车，进入圈交方式。凡完全被框中的、仅与对象交叉的所有对象均被选中，

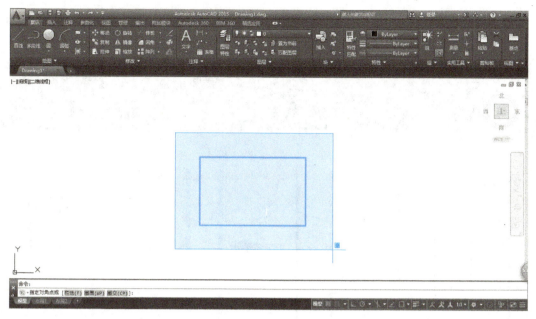

图 1-10　左选矩形窗口实线

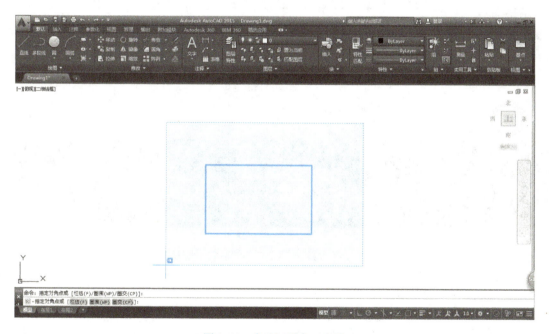

图 1-11　右选矩形窗口虚线

如图 1-14 所示。

(2) 使用帮助

命令：help

标题栏：帮助→AutoCAD 帮助

快捷键：<F1>。

在"命令："提示符下使用"帮助"，系统将切换到"帮助"主题，可以在"帮助"目录中按分类查找，或在索引中通过关键词查找相关信息，如图 1-15 所示。

值得注意的是，如果在命令执行过程中运行"帮助"，可以直接获得与当前命令相关的帮助信息。

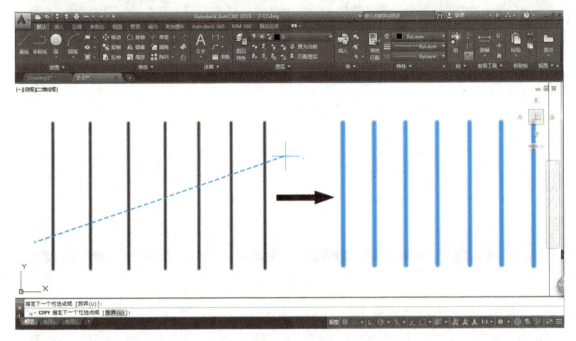

图1-12 栏选对象

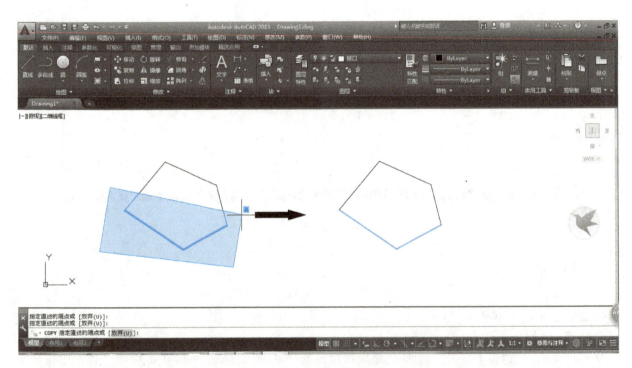

图1-13 围圈对象

项目一　初识 AutoCAD 2015

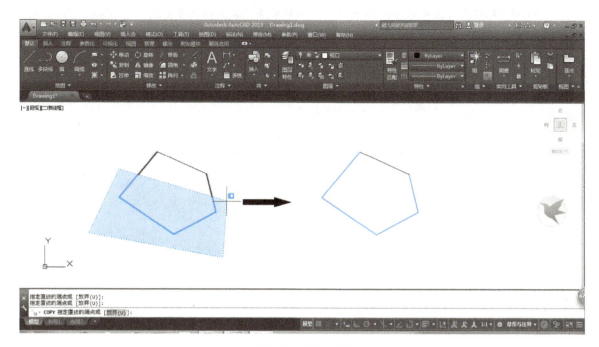

图 1-14　圈交对象

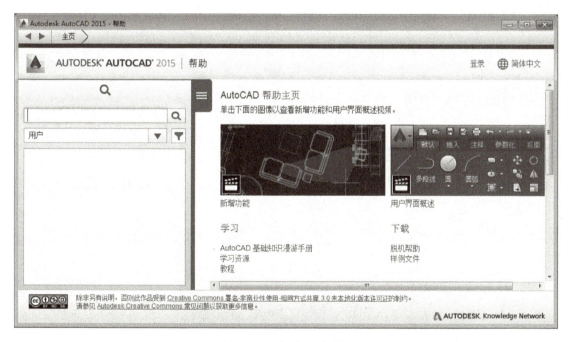

图 1-15　"帮助"对话框

思　考　题

1. 与手工绘图相比，AutoCAD 绘图有哪些优点？
2. 用于 AutoCAD 进行设计的常规流程包括哪些步骤？
3. 描述三种输入命令的方法，并说明命令运行的过程有什么特点。
4. 重复执行上一个命令有哪几种方法？如何中断当前执行的命令？

5. 列出 AutoCAD 启动后显示的 4 个工具栏。若想打开其他工具栏，应如何操作？
6. 用 AutoCAD 绘图时，鼠标的左键、右键、滚轮各有何作用？
7. AutoCAD 常用的文件格式有哪几种？分别是什么类型的文件？
8. 用 1:1 的比例绘图有何好处？
9. 选择对象主要有哪几种方法？各有什么特点？

项目二　绘制足球场平面图

学习目标

1. 熟悉绘图和编辑工具的使用。
2. 掌握"直线""偏移""镜像""修剪""删除""圆弧""圆""标记圆心"等工具的综合运用。
3. 掌握各工具使用过程中的注意事项。
4. 学会足球场平面图的绘制。

学习难点

1. 用坐标法绘制直线。
2. 正确选择修剪对象进行合理修剪。

知　识　篇

【直线】 < line >

1. 坐标法绘制直线

1）绝对坐标。表示方法为 X，Y。

【图例练习1】用绝对坐标绘制图2-1。

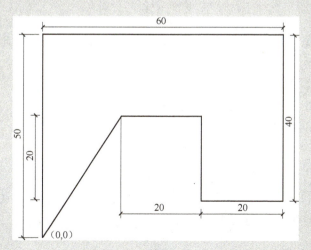

图2-1　用绝对坐标绘图

操作过程：单击"绘图"面板上的"直线"图标。

> 命令：_line   　　　　　　　　　　　　　　　　　"直线"命令
> 指定第一点：0, 0   　　　　　　　　　　　　　　　回车 ⊖
> 指定下一点或 [放弃 (U)]：0, 50
> 指定下一点或 [放弃 (U)]：60, 50
> 指定下一点或 [闭合 (C)/放弃 (U)]：60, 10
> 指定下一点或 [闭合 (C)/放弃 (U)]：40, 10
> 指定下一点或 [闭合 (C)/放弃 (U)]：40, 30
> 指定下一点或 [闭合 (C)/放弃 (U)]：20, 30
> 指定下一点或 [闭合 (C)/放弃 (U)]：c   　　　　　　回车

特别提醒：
使用绝对坐标绘图必须明确指定绘图第一点的具体坐标，如 (0, 0)、(10, 10) 或 (20, 10) 等。为便于绘图，通常选择原点 (0, 0) 为起始点坐标。

2）相对坐标。表示方法为@X, Y。

【图例练习2】用相对坐标绘制图2-2。

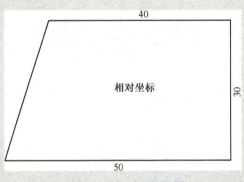

图2-2　用相对坐标绘图

操作过程：单击"绘图"面板上的"直线"图标。

> 命令：_line 指定第一点　　　　　　　在窗口任意位置单击鼠标左键，确定第一点
> 指定下一点或 [放弃 (U)]：@50, 0
> 指定下一点或 [放弃 (U)]：@0, 30
> 指定下一点或 [闭合 (C)/放弃 (U)]：@ -40, 0
> 指定下一点或 [闭合 (C)/放弃 (U)]：c   　　　　　　回车

特别提醒：
相对坐标指后一点相对于前一点的坐标。求某一点坐标时，坐标系原点移到前一点，这时在点坐标前加上"@"符号即为所求坐标，如"@20, 20"。

⊖ 命令语句之间的衔接一般需回车。为方便起见，本书只对有重要作用的回车作提示，一般情况作省略处理。——编者注

3）相对极坐标。表示方法为@L<θ。

【图例练习3】用相对极坐标绘制图2-3。

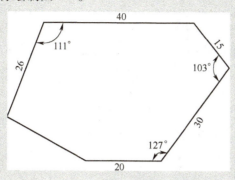

图2-3 用相对极坐标绘图

操作过程： 单击"绘图"面板上的"直线"图标。

命令：_line
指定第一点：   在窗口任意位置单击鼠标左键，确定第一点
指定下一点或 [放弃（U）]：@20<0
指定下一点或 [放弃（U）]：@30<53
指定下一点或 [闭合（C）/放弃（U）]：@15<130
指定下一点或 [闭合（C）/放弃（U）]：@40<180
指定下一点或 [闭合（C）/放弃（U）]：@26<-111
指定下一点或 [闭合（C）/放弃（U）]：c   回车

特别提醒：
相对极坐标也指后一点相对于前一点的坐标。求某一点坐标时，把坐标系原点移到前一点，这时在两点间距离和角度前再加上"@"符号即为所求坐标，如"@20<30"，即两点间距离为20，角度为30°。

在AutoCAD中计算角度时，以X轴正方向为0°，逆时针旋转为正，顺时针旋转为负。

2. 正交模式绘制直线

【图例练习4】用正交法绘制图2-4。

图2-4 用正交法绘图

操作过程： 单击状态栏上的"正交"图标，打开"正交"，或使用快捷键<F8>切换为正交模式。

> 命令：_line
> 指定第一点：<正交 开>　　　　　　在窗口任意位置单击鼠标左键，确定第一点
> 指定下一点或［放弃（U）］：50
> 指定下一点或［放弃（U）］：30
> 指定下一点或［闭合（C）/放弃（U）］：50
> 指定下一点或［闭合（C）/放弃（U）］：30
> 指定下一点或［闭合（C）/放弃（U）］：　　　　　　回车

特别提醒：
　　在绘制水平和垂直直线时，为减少绘图误差，可打开正交模式，约束光标在水平或垂直方向上移动。但必须先移动光标确定所绘直线的方向后再输入其长度值，因此也称为方向距离法。

3. 自动追踪绘制直线

自动追踪有两种方式，一种为极轴追踪，另一种为对象追踪（也称为对象捕捉追踪）。

1）极轴追踪绘制直线：快捷键为<F10>。

【图例练习5】用极轴追踪绘制图2-5。

操作过程： 在状态栏的"极轴追踪"按钮上单击鼠标右键，在弹出的菜单中选择"设置"，打开"草图设置"对话框，如图2-6所示。勾选"启用极轴追踪"复选框，确认"增量角"为90；勾选"附加角"，新建一个52°的附加角，选择"用所有极轴角设置追踪"；设定"极轴角测量"为"相对上一段"，按"确定"按钮结束设置。

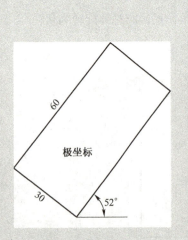

图2-5　用极轴追踪绘图

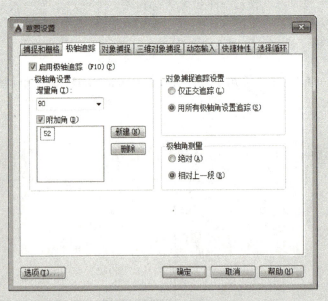

图2-6　极轴追踪设置

```
命令：_line
指定第一点：                              在窗口任意位置单击鼠标左键，确定第一点
指定下一点或 [放弃 (U)]：60
指定下一点或 [放弃 (U)]：30
指定下一点或 [闭合 (C)/放弃 (U)]：60
指定下一点或 [闭合 (C)/放弃 (U)]：30
指定下一点或 [闭合 (C)/放弃 (U)]：                                                回车
```

特别提醒：
极轴追踪与正交模式相似，但前者角度设定更为灵活，而且与对象捕捉结合使用时，还可捕捉追踪线与图线的交点。

2）对象追踪绘制直线：快捷键为 <F11>。

【图例练习6】 用对象追踪绘制图 2-7。

操作过程： 在状态栏的"对象追踪"按钮上单击鼠标右键，在弹出的菜单中选择"设置"，打开"草图设置"对话框，如图 2-8 所示。勾选"启用极轴追踪"复选框，确认"增量角"为 10；选择"用所有极轴角设置追踪"，设定"极轴角测量"为"绝对"，按"确定"按钮结束设置。

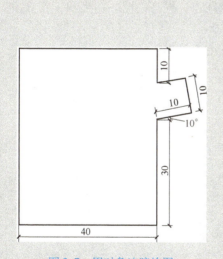

图 2-7　用对象追踪绘图

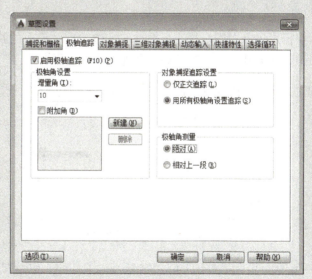

图 2-8　对象追踪设置

```
命令：_line
指定第一点：<对象捕捉追踪 开><对象捕捉 开><极轴 开>
                                      在窗口任意位置单击鼠标左键，确定第一点
指定下一点或 [放弃 (U)]：40    将光标移至 0°极轴线附近，出现 0°追踪线，输入 40
指定下一点或 [放弃 (U)]：30    将光标移至 90°极轴线附近，出现 90°追踪线，输入 30
指定下一点或 [闭合 (C)/放弃 (U)]：10
                              将光标移至 10°极轴线附近，出现 10°追踪线，输入 10
```

```
指定下一点或 [闭合 (C)/放弃 (U)]: 10
                    将光标移至100°极轴线附近，出现100°追踪线，输入10
指定下一点或 [闭合 (C)/放弃 (U)]:
                    将光标从长度30的线段下端逐步向上移动，出现90°追踪线和190°极轴线
                    交叉点时，单击左键选取交点位置
指定下一点或 [闭合 (C)/放弃 (U)]: 10
                    将光标移至90°极轴线附近，出现90°追踪线，输入10
指定下一点或 [闭合 (C)/放弃 (U)]:
                    将光标从长度40的线段左端逐步向上移动，出现90°追踪线和180°极轴线
                    交叉点时，单击左键选取交点位置
指定下一点或 [闭合 (C)/放弃 (U)]: 光标捕捉长度40的线段左端点，并回车
```

特别提醒：

对象追踪在"对象捕捉"和"对象捕捉追踪"模式同时打开时方可使用，且应与"极轴"打开并用，以方便绘图，取得更好的效果。该功能可在对象捕捉点发出各极轴方向的追踪线，这样就可快速获取追踪线上的点，同时还可捕捉到追踪线与图线、追踪线与追踪线的交点。

4. 对象捕捉绘图

对象捕捉可以帮助用户快速、准确地定位图形对象中的特征点，提高绘图的精度和工作效率。对象捕捉有两种使用方式，即一次性捕捉和连续性捕捉。

【图例练习7】用对象捕捉绘制图2-9中的 *AD* 和 *BC* 线。

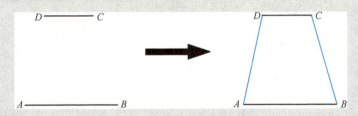

图2-9 对象捕捉绘制直线

操作过程： 单击状态栏上的"对象捕捉"图标，打开对象捕捉。

```
命令: _line
指定第一点:              光标移至A点，出现黄色方框和"端点"时，单击鼠标左键
指定下一点或 [放弃 (U)]:  再将光标移至D点，出现黄色方框和"端点"时，
                        单击鼠标左键并回车，如图2-10所示
命令: LINE
指定第一点:              光标移至B点，捕捉端点B，单击鼠标左键
指定下一点或 [放弃 (U)]:
                        再将光标移至C点，出现黄色方框和"端点"时，单击鼠标左键并回车
```

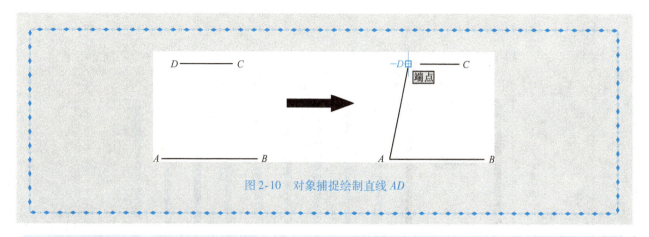

图2-10 对象捕捉绘制直线 AD

特别提醒:

1) 只有在绘图过程中出现输入点的提示时，方可使用对象捕捉。否则，将视为无效命令。

2) 一次性捕捉只适合少量、间断性对象的特征点捕捉，属于临时性对象捕捉。捕捉完成后，该对象捕捉功能就自动关闭。

3) 一次性捕捉可通过"对象捕捉"工具栏（图2-11）或<Shift>键+鼠标右键调出的快捷菜单（图2-12）来调用。

图2-11 "对象捕捉"工具栏

4) 连续性捕捉可通过"草图设置"对话框中的"对象捕捉"选项卡进行设置（图2-13）。"草图设置"对话框可在工具菜单中打开，也可在状态栏中的"对象捕捉"按钮上单击鼠标右键，从快捷菜单中选择"设置"来打开。

图2-12 "对象捕捉"快捷菜单

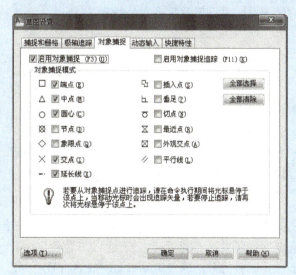

图2-13 "对象捕捉"选项卡

5) 在对象密集的图形中使用连续性捕捉，往往不容易选准所需的特征点，此时可用一次性捕捉方式进行捕捉。

6) 如在绘图中需要暂时关闭对象捕捉模式，可按<F3>键或单击状态栏中的"对象捕捉"按钮。

【偏移】 < offset >

"偏移"命令可用于创建一个与选择对象形状一样(可以缩小或扩大),但有一定距离的图形。

【图例练习8】用"偏移"命令绘制道路斑马线,如图2-14所示。

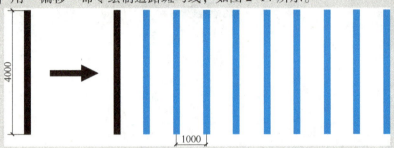

图2-14 "偏移"命令绘制道路斑马线

操作过程: 单击"修改"工具条上的"偏移"图标。

```
命令:offset                                                "偏移"命令
指定偏移距离或[通过(T)/删除(E)/图层(L)]<通过>:1000            回车
选择要偏移的对象或[退出(E)/放弃(U)]<退出>:             选择要偏移的直线
指定点以确定偏移所在一侧,或[退出(E)/多个(M)/放弃(U)]<退出>:
                                                 在其右侧任意单击一下
选择要偏移的对象或[退出(E)/放弃(U)]<退出>:       选择刚才偏移所生成的直线
指定点以确定偏移所在一侧,或[退出(E)/多个(M)/放弃(U)]<退出>:
                                                 在其右侧任意单击一下
选择要偏移的对象或[退出(E)/放弃(U)]<退出>:        依次类推完成其余线段,回车
```

【图例练习9】用"偏移"命令绘制图2-15。

图2-15 "偏移"命令绘图

操作过程: 单击"修改"面板上的"偏移"图标。

```
命令:offset                                                "偏移"命令
当前设置:删除源=否 图层=源 OFFSETGAPTYPE=0
指定偏移距离或[通过(T)/删除(E)/图层(L)]<通过>:T
选择要偏移的对象或[退出(E)/放弃(U)]<退出>:             选择要偏移的直线BC
指定点以确定偏移所在一侧,或[退出(E)/多个(M)/放弃(U)]<退出>:  捕捉点D
选择要偏移的对象或[退出(E)/放弃(U)]<退出>:                    回车
```

特别提醒:
在使用"偏移"命令过程中,相关参数的含义为:

1)指定偏移距离:输入偏移距离,该距离可通过键盘输入,也可通过选取两点来确定。
2)通过(T):指定偏移的对象将通过随后选取的点。
3)选择要偏移的对象或<退出>:选择要偏移的对象,回车则退出"偏移"命令。
4)指定点以确定偏移所在一侧:指定点来确定偏移的方向。

【镜像】 <mirror>

【图例练习10】通过"镜像"命令,把等边三角形 ABC 变为菱形 ABDC,如图2-16所示。

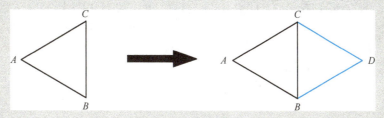

图2-16 "镜像"命令绘图

操作过程:单击"修改"面板上的"镜像"图标。

```
命令:_mirror                               "镜像"命令
选择对象:                                  选择边 AB 和 AC
选择对象:                                  回车
指定镜像线的第一点:                        选择 BC 边作为镜像线
是否删除源对象?[是(Y)/否(N)]<N>:          回车
```

特别提醒:

该命令一般用于对称图形,可以先绘制其中的一半甚至1/4,然后采用"镜像"命令来完成其他对称的部分。

【修剪】 <trim>

绘图中经常需要修剪图形,将多余的部分删除,以便使图形更加精确。"修剪"命令可用于以指定的对象为边界,修剪超出部分的图形。

【图例练习11】将图2-17中的左图修剪成右图。

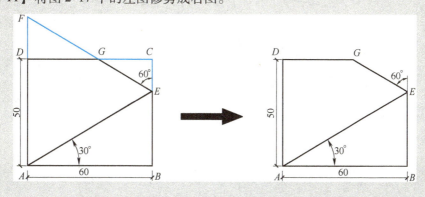

图2-17 "修剪"命令的应用

操作过程： 单击"修改"面板上的"修剪"图标。

> 命令：_trim　　　　　　　　　　　　　　　　　　　　　　　"修剪"命令
> 当前设置：投影 = UCS，边 = 延伸
> 选择剪切边…
> 选择对象或 <全部选择>：　　　　　　　　　　　　　　单击所要选择的 EF 边
> 选择对象：　　　　　　　　　　　　　　　　　　　　　　　　回车
> 选择要修剪的对象，或按住 Shift 键选择要延伸的对象，或
> [栏选（F）/窗交（C）/投影（P）/边（E）/删除（R）/放弃（U）]：
> 　　　　　　　　　　　　　　　　　　　　　单击所要修剪的 EC 和 GC 边，并回车

DF 和 GF 边的修剪同 EC 和 GC 边。

特别提醒：

在使用"修剪"命令过程中，相关参数的含义为：

1）选择剪切边：可以准确选择某边，也可以直接选择图中所有对象，确定后再选择要剪切的边。

2）选择剪切边→选择对象：提示选择对象作为剪切边界。

3）投影（P）：在三维对象（非 XY 平面对象）修剪时，指定边界对象的投影方式。在 XY 平面对象修剪时可不设定此选项。

4）边（E）：确定对象是修剪到边界的延长交点，还是修剪到边界的实际交点。

5）放弃（U）：放弃最后进行的一次修剪操作。

【删除】 <erase>

【图例练习12】用"删除"工具将图 2-18 中的左图改成右图。

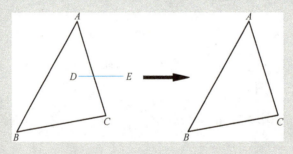

图 2-18　删除直线 DE

操作过程： 单击"修改"面板的"删除"图标，选中直线 DE，按空格键或回车（也可单击鼠标右键）。

【圆弧】 <arc>

【图例练习13】用"圆弧"工具绘制图 2-19。

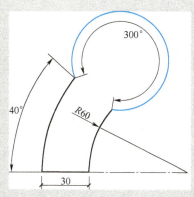

图 2-19 用"圆弧"工具绘图（一）

操作过程：

1）连续绘制两段长度分别为 30 和 60 的直线。

命令：_line	打开"正交"
指定第一点：	在窗口任意位置单击鼠标左键，确定第一点
指定下一点或［放弃（U）］：30	
指定下一点或［放弃（U）］：60	
指定下一点或［闭合（C）/放弃（U）］：	回车

2）单击"绘图"面板上的"圆弧"图标。

命令：_arc	
指定圆弧的起点或［圆心（C）］：	捕捉长度 30 的线的左端点
指定圆弧的第二个点或［圆心（C）/端点（E）］：c	
指定圆弧的圆心：	捕捉长度 60 的线的右端点
指定圆弧的端点或［角度（A）/弦长（L）］：a	
指定包含角：-40	
命令：ARC	
指定圆弧的起点或［圆心（C）］：	捕捉长度 30 的线的右端点
指定圆弧的第二个点或［圆心（C）/端点（E）］：c	
指定圆弧的圆心：	捕捉长度 60 的线的右端点
指定圆弧的端点或［角度（A）/弦长（L）］：-40	

3）用"圆弧"工具绘制 300°的弧。

命令：ARC	
指定圆弧的起点或［圆心（C）］：	捕捉右弧线上端点
指定圆弧的第二个点或［圆心（C）/端点（E）］：e	
指定圆弧的端点：	捕捉左弧线上端点
指定圆弧的圆心或［角度（A）/方向（D）/半径（R）］：a	
指定包含角：300	回车

【图例练习14】用"圆弧"工具绘制图 2-20。

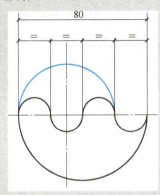

图 2-20 用"圆弧"工具绘图（二）

操作过程：

1）连续绘制四段长度为 20 的直线。

2）单击"绘图"面板上的"圆弧"图标，自左向右依次用"起点、端点和角度"条件绘制圆弧。

```
命令：_arc
指定圆弧的起点或 [圆心 (C)]：                                        捕捉端点
指定圆弧的第二个点或 [圆心 (C)/端点 (E)]：e
指定圆弧的端点：                                                    捕捉端点
指定圆弧的圆心或 [角度 (A)/方向 (D)/半径 (R)]：a
指定包含角：-180

命令：ARC
指定圆弧的起点或 [圆心 (C)]：                                        捕捉端点
指定圆弧的第二个点或 [圆心 (C)/端点 (E)]：e
指定圆弧的端点：                                                    捕捉端点
指定圆弧的圆心或 [角度 (A)/方向 (D)/半径 (R)]：a
指定包含角：180

命令：ARC
指定圆弧的起点或 [圆心 (C)]：                                        捕捉端点
指定圆弧的第二个点或 [圆心 (C)/端点 (E)]：e
指定圆弧的端点：                                                    捕捉端点
指定圆弧的圆心或 [角度 (A)/方向 (D)/半径 (R)]：a
指定包含角：-180

命令：ARC
指定圆弧的起点或 [圆心 (C)]：                                        捕捉端点
指定圆弧的第二个点或 [圆心 (C)/端点 (E)]：e
指定圆弧的端点：                                                    捕捉端点
指定圆弧的圆心或 [角度 (A)/方向 (D)/半径 (R)]：a
指定包含角：180

命令：ARC
```

指定圆弧的起点或 [圆心（C）]： 　　　　　　　　　　　捕捉端点
指定圆弧的第二个点或 [圆心（C）/端点（E）]：e
指定圆弧的端点： 　　　　　　　　　　　　　　　　　　捕捉端点
指定圆弧的圆心或 [角度（A）/方向（D）/半径（R）]：a
指定包含角：-180
命令：ARC
指定圆弧的起点或 [圆心（C）]： 　　　　　　　　　　　捕捉端点
指定圆弧的第二个点或 [圆心（C）/端点（E）]：e
指定圆弧的端点： 　　　　　　　　　　　　　　　　　　捕捉端点
指定圆弧的圆心或 [角度（A）/方向（D）/半径（R）]：a
指定包含角：180
命令：_erase
选择对象：找到 1 个
选择对象：找到 1 个，总计 2 个
选择对象：找到 1 个，总计 3 个
选择对象：找到 1 个，总计 4 个
选择对象： 　　　　　　　　　　　　　　　　　　　　　回车

思路拓展

1）图中虽多是圆弧，但也可用"圆"工具绘图。
2）如不绘制水平线，可用"起点、坐标、角度"绘图。
3）可使用"复制"命令绘图。

特别提醒：
1）使用下拉菜单绘制圆弧的过程中，各项参数是明确的，不需再选择参数。
2）如使用"arc"命令或按钮绘制圆弧，则需根据已知条件和命令行提示，逐项选择参数。
3）输入角度或长度时，正负值会影响圆弧的绘制方向。

【圆】 < circle >

【图例练习 15】用"圆"工具绘制图 2-21。

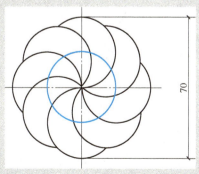

图 2-21 用"圆"工具绘图（一）

操作过程：

1）绘制"十"字形中心线，如图 2-22 所示。

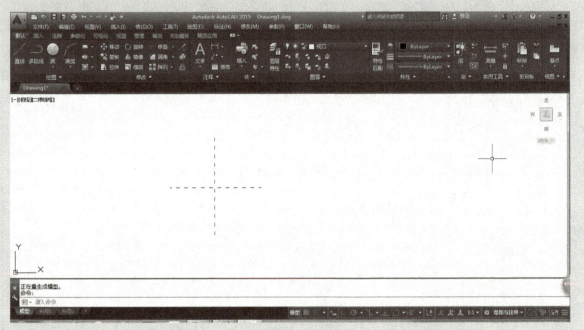

图 2-22　绘制"十"字形中心线

命令：_line
　　指定第一点：　　　　　　打开"正交"，在窗口任意位置单击鼠标左键，确定水平线的第一点
　　指定下一点或 [放弃 (U)]：　　　　　　　　　　在水平方向任意位置指定水平线的第二点
　　指定下一点或 [放弃 (U)]：　　　　　　　　　　　　　　　　　　　　　　　　回车
命令：LINE
　　指定第一点：　　　　　　在水平线上方任意位置单击鼠标左键，确定竖直线的第一点
　　指定下一点或 [放弃 (U)]：　　　　　　　　　　在水平线下方任意位置指定竖直线的第二点
　　指定下一点或 [放弃 (U)]：　　　　　　　　　　　　　　　　　　　　　　　　回车

特别提醒：

同一图例往往可以使用多种工具进行绘制。在绘图过程中应力求一题多解，灵活调用各种面板工具，围绕任务学知识，而不能局限于教材。

2）绘制圆心在中心线上的圆。单击"绘图"面板上的"圆"图标，绘制 5 个圆，如图 2-23 所示。

命令：_circle
　　指定圆的圆心或 [三点 (3P)/两点 (2P)/切点、切点、半径 (T)]：
　　　　　　　　　　　　　　　　　　　　　　　　　　　　　捕捉"十"字线交点
　　指定圆的半径或 [直径 (D)]：d
　　指定圆的直径：35
命令：CIRCLE

指定圆的圆心或[三点(3P)/两点(2P)/切点、切点、半径(T)]：
　　　　　　　　　　　　　　　　　　　　　捕捉圆与垂直线的上交点
指定圆的半径或[直径(D)]<17.5000>：　　　　　　　回车

用同样的方法绘制剩下的3个圆。

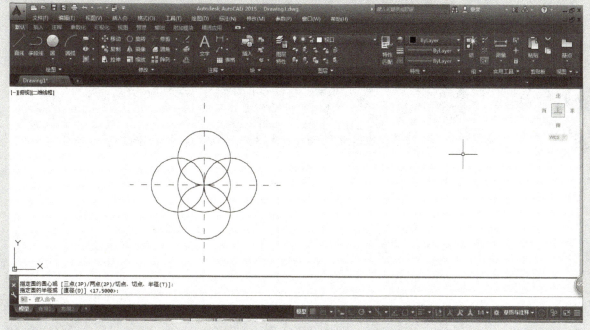

图2-23　绘制5个圆

3）绘制45°倍数线，如图2-24所示。

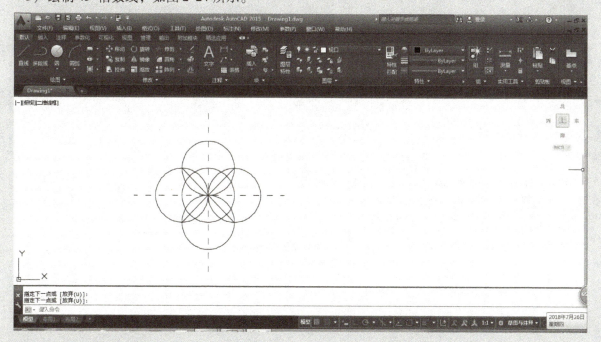

图2-24　绘制45°倍数线

```
命令：_line
指定第一点：                              捕捉外围相临两圆相交靠外侧的 1 个交点
指定下一点或 [放弃 (U)]：              捕捉上一点对角线方向上的另一个靠外侧的交点
指定下一点或 [放弃 (U)]：                                              回车
命令：LINE
```

另一条 45°倍数线的绘制方法同上。

4）绘制 45°倍数线上的 4 个圆，如图 2-25 所示。

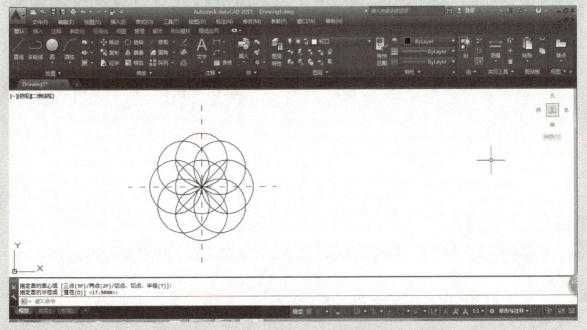

图 2-25　绘制 45°倍数线上的 4 个圆

```
命令：_circle
指定圆的圆心或 [三点 (3P)/两点 (2P)/切点、切点、半径 (T)]：
                                              捕捉 45°线与中心圆的交点
指定圆的半径或 [直径 (D)] <17.5000>：                        回车
```

用同样的方法分别捕捉 45°倍数线与中心圆其他的 3 个交点，并以这 3 个交点为圆心，绘制 3 个半径为 17.5 的圆。4 个圆的绘制如图 2-25 所示。

5）按照题意要求，剪去多余的弧线。

单击"修改"面板的"删除"图标，删除两条 45°倍数线。

```
命令：_erase                                              "删除"命令
选择对象：                                        选择一条 45°倍数线
选择对象：                              选择另一条 45°倍数线，总计 2 个，回车
```

单击"修改"面板的"修剪"图标，选择整个图形，剪去多余的弧线。

```
命令：_trim                                                    "修剪"命令
当前设置：投影＝UCS，边＝延伸
选择剪切边...
选择对象或＜全部选择＞：指定对角点：找到 11 个
选择对象：
选择要修剪的对象，或按住 Shift 键选择要延伸的对象，或
[栏选（F）/窗交（C）/投影（P）/边（E）/效率（U）]：
命令：TRIM
当前设置：投影＝UCS，边＝延伸
选择剪切边...
选择对象：指定对角点：找到 8 个
选择对象：                                                        回车
选择要修剪的对象，或按住 Shift 键选择要延伸的对象，或
[栏选（F）/窗交（C）/投影（P）/边（E）/放弃（U）]：
                                                逐步选中要删除的圆弧，剪去所有多余的弧线
```

思路拓展

该图可先绘一个圆，以下方象限点为中心点，阵列 8 个圆，剪去多余圆弧后，再绘一个中间圆。

【图例练习 16】用"圆"工具绘制图 2-26。

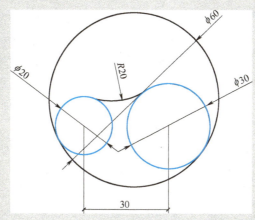

图 2-26 用"圆"工具绘图（二）

操作过程：

1）绘制长度为 30 的水平线段。
2）绘制直径分别为 20 和 30 的圆。
3）绘制半径为 20 的圆弧所在的圆和直径为 60 的圆。

```
命令：circle
指定圆的圆心或[三点（3P）/两点（2P）/切点、切点、半径（T）]：t
指定对象与圆的第一个切点：                          对照图 2-26 进行切点捕捉
指定对象与圆的第二个切点：                          对照图 2-26 进行切点捕捉
```

```
指定圆的半径 <15.0000>：20                                    回车
命令：CIRCLE
指定圆的圆心或 [三点（3P）/两点（2P）/切点、切点、半径（T）]：t
指定对象与圆的第一个切点：
指定对象与圆的第二个切点：
指定圆的半径 <20.0000>：30                                    回车
```

4）剪去多余的圆弧。

```
命令：_trim
当前设置：投影=UCS，边=延伸
选择剪切边...
选择对象或<全部选择>：找到1个
选择对象：找到1个，总计2个
选择对象：                                                     回车
选择要修剪的对象，或按住Shift键选择要延伸的对象，或[栏选（F）/窗交（C）/投影
（P）/边（E）/放弃（U）]：                              对照图2-26，剪去多余对象
选择要修剪的对象，或按住Shift键选择要延伸的对象，或[栏选（F）/窗交（C）/投影
（P）/边（E）/放弃（U）]：                                    回车
```

【圆心标记】 <dimcenter>

【图例练习17】用"圆心标记"工具标记图2-27。

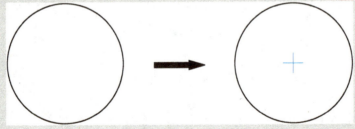

图2-27 标记圆心

操作过程：

```
命令：_dimcenter                                          "圆心标记"命令
         单击"标注"菜单中的"圆心标记"或"标注"工具条中的"圆心标记"
选择圆弧或圆：                                              选择图中的圆
```

实 战 篇

【图例练习】绘制足球场平面图，如图2-28所示。

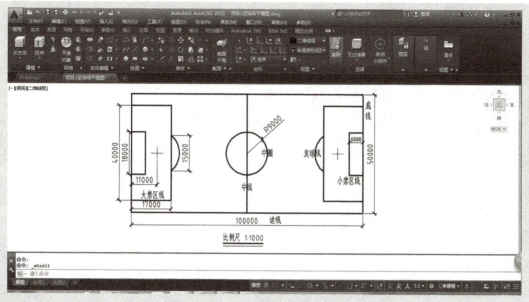

图 2-28 绘制足球场平面图

操作过程:

1) 绘制边线和底线。
2) 绘制大禁区和小禁区。用"偏移"工具绘制直线,用"修剪"工具剪去多余的对象。

① 将上、下边线分别向内偏移 5000,可得水平方向大禁区线所在的线段。

```
命令:_offset                                                              偏移
指定偏移距离或 [通过 (T)/删除 (E)/图层 (L)] <通过>:5000
选择要偏移的对象或 [退出 (E)/放弃 (U)] <退出>:                    选择下边线
指定点以确定偏移所在一侧,或 [退出 (E)/多个 (M)/放弃 (U)] <退出>:
                                                         在下边线的上方任意指定一点
选择要偏移的对象或 [退出 (E)/放弃 (U)] <退出>:                    选择上边线
指定点以确定偏移所在一侧,或 [退出 (E)/多个 (M)/放弃 (U)] <退出>:
                                                         在上边线的下方任意指定一点
选择要偏移的对象或 [退出 (E)/放弃 (U)] <退出>:                        回车
```

② 将左、右底线分别向内偏移 6000,可得竖直方向小禁区线所在的线段。

```
命令:_offset                                                              偏移
指定偏移距离或 [通过 (T)/删除 (E)/图层 (L)] <5000>:6000
选择要偏移的对象或 [退出 (E)/放弃 (U)] <退出>:                    选择左底线
指定点以确定偏移所在一侧,或 [退出 (E)/多个 (M)/放弃 (U)] <退出>:
                                                         在左底线的右边任意指定一点
选择要偏移的对象或 [退出 (E)/放弃 (U)] <退出>:                    选择右底线
指定点以确定偏移所在一侧,或 [退出 (E)/多个 (M)/放弃 (U)] <退出>:
                                                         在右底线的左边任意指定一点
选择要偏移的对象或 [退出 (E)/放弃 (U)] <退出>:                        回车
```

③将左、右底线分别向内偏移17000，可得竖直方向大禁区线所在的线段。

> 命令：_offset　　　　　　　　　　　　　　　　　　　　　　　　　　偏移
> 指定偏移距离或［通过（T）/删除（E）/图层（L）］<6000>：17000
> 选择要偏移的对象或［退出（E）/放弃（U）］<退出>：　　　　选择左底线
> 指定点以确定偏移所在一侧，或［退出（E）/多个（M）/放弃（U）］<退出>：
> 　　　　　　　　　　　　　　　　　　　　　　　　在左底线的右边任意指定一点
> 选择要偏移的对象或［退出（E）/放弃（U）］<退出>：　　　　选择右底线
> 指定点以确定偏移所在一侧，或［退出（E）/多个（M）/放弃（U）］<退出>：
> 　　　　　　　　　　　　　　　　　　　　　　　　在右底线的左边任意指定一点
> 选择要偏移的对象或［退出（E）/放弃（U）］<退出>：　　　　　　　回车

④将上、下边线分别向内偏移11000，可得水平方向小禁区线所在的线段。

> 命令：_offset　　　　　　　　　　　　　　　　　　　　　　　　　　偏移
> 指定偏移距离或［通过（T）/删除（E）/图层（L）］<17000>：11000
> 选择要偏移的对象或［退出（E）/放弃（U）］<退出>：　　　　选择下边线
> 指定点以确定偏移所在一侧，或［退出（E）/多个（M）/放弃（U）］<退出>：
> 　　　　　　　　　　　　　　　　　　　　　　　　在下边线的上方任意指定一点
> 选择要偏移的对象或［退出（E）/放弃（U）］<退出>：　　　　选择上边线
> 指定点以确定偏移所在一侧，或［退出（E）/多个（M）/放弃（U）］<退出>：
> 　　　　　　　　　　　　　　　　　　　　　　　　在上边线的下方任意指定一点
> 选择要偏移的对象或［退出（E）/放弃（U）］<退出>：　　　　　　　回车

⑤修剪多余的线段，完成图2-28中的大、小禁区绘制。

> 命令：_trim　　　　　　　　　　　　　　　　　　　　　　　　"修剪"命令
> 当前设置：投影=UCS，边=无
> 选择剪切边…
> 选择对象：指定对角点：找到12个
> 选择对象：　　　　　　　　　　　　　　　　　　　　　　　　　　　　回车
> 选择要修剪的对象，或按住Shift键选择要延伸的对象，或［栏选（F）/窗交（C）/投影（P）/边（E）/放弃（U）］：　　　用鼠标左键单击选择多余的对象，修剪完成后回车

3）标记发球弧圆心。用"偏移"工具绘制直线。
①将左、右底线分别向内偏移11000，可得竖直方向标记线段。

> 命令：_offset　　　　　　　　　　　　　　　　　　　　　　　　　　偏移
> 指定偏移距离或［通过（T）/删除（E）/图层（L）］<16000>：11000
> 选择要偏移的对象或［退出（E）/放弃（U）］<退出>：　　　　选择左底线
> 指定点以确定偏移所在一侧，或［退出（E）/多个（M）/放弃（U）］<退出>：
> 　　　　　　　　　　　　　　　　　　　　　　　　在左底线的右边任意指定一点

选择要偏移的对象或［退出（E）/放弃（U）］<退出>： 选择右底线
指定点以确定偏移所在一侧，或［退出（E）/多个（M）/放弃（U）］<退出>：
在右底线的左边任意指定一点
选择要偏移的对象或［退出（E）/放弃（U）］<退出>： 回车

② 将上边线或下边线分别向内偏移25000，可得水平方向标记线段。

指定偏移距离或［通过（T）/删除（E）/图层（L）］<11000>：25000
选择要偏移的对象或［退出（E）/放弃（U）］<退出>： 选择下边线
指定点以确定偏移所在一侧，或［退出（E）/多个（M）/放弃（U）］<退出>：
在下边线的上方任意指定一点
选择要偏移的对象或［退出（E）/放弃（U）］<退出>： 回车

4）绘制发球弧的端点。将3）中②得到的水平方向标记线段分别向上、向下偏移7500，可得发球弧的两个端点。

指定偏移距离或［通过（T）/删除（E）/图层（L）］<25000>：7500
选择要偏移的对象或［退出（E）/放弃（U）］<退出>：
选择球场下边线的上方25000偏移线
指定点以确定偏移所在一侧，或［退出（E）/多个（M）/放弃（U）］<退出>：
在其下方任意指定一点
选择要偏移的对象或［退出（E）/放弃（U）］<退出>：
选择球场下边线的上方25000偏移线
指定点以确定偏移所在一侧，或［退出（E）/多个（M）/放弃（U）］<退出>：
在其上方任意指定一点
选择要偏移的对象或［退出（E）/放弃（U）］<退出>： 回车

5）用"圆弧"工具绘制半径为7500的发球弧。

命令：_arc "圆弧"命令
指定圆弧的起点或［圆心（C）］： 捕捉左边发球弧端点
指定圆弧的第二个点或［圆心（C）/端点（E）］：e
指定圆弧的端点： 捕捉左边发球弧另一个端点
指定圆弧的圆心或［角度（A）/方向（D）/半径（R）］： 捕捉圆心
命令：ARC
指定圆弧的起点或［圆心（C）］： 捕捉右边发球弧端点
指定圆弧的第二个点或［圆心（C）/端点（E）］：e
指定圆弧的端点： 捕捉右边发球弧另一个端点
指定圆弧的圆心或［角度（A）/方向（D）/半径（R）］： 捕捉圆心

6) 绘制中圈和中线。

命令：_circle	"圆"命令
指定圆的圆心或［三点（3P）/两点（2P）/切点、切点、半径（T）］：	捕捉圆心
指定圆的半径或［直径（D）］<4.5000>：9000	
命令：_erase	"删除"命令
找到 1 个：	选择直线
命令：_line	
指定第一点：	捕捉中点
指定下一点或［放弃（U）］：	捕捉中点
指定下一点或［放弃（U）］：	回车
命令：_erase	"删除"命令
找到 3 个：	选择直线
命令：_dimcenter	"标记圆心"命令
选择圆弧或圆：	选择圆弧
命令：_dimcenter	"标记圆心"命令
选择圆弧或圆：	选择圆弧
命令：_erase	"删除"命令
找到 2 个：	选择直线，回车

思路拓展

此图为左右对称图形，所以实际绘图时可先绘制好左半部分或右半部分，再镜像得到另一半。

提 高 篇

【图例练习1】绘制图 2-29 所示的图形。

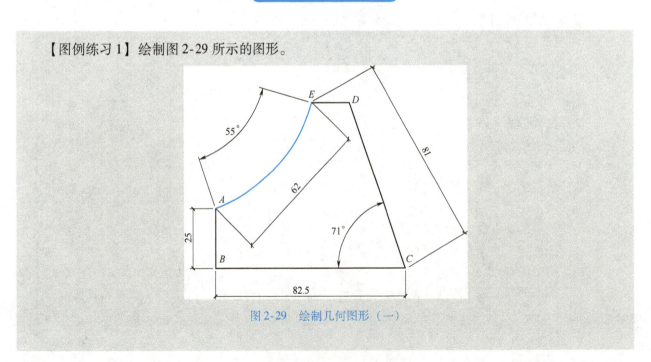

图 2-29　绘制几何图形（一）

操作过程： 先绘制线段 AB、BC；再分别绘制半径为 62 和 81 的两个圆，求得交点 E；最后以 A、E 为端点绘制弧 $\overset{\frown}{AE}$ 和直线 ED，并删除多余线条。

1) 分别绘制长度为 25 和 82.5 的直线 AB 和 BC，以及长度自定为 100、角度为 109°（180°–71°）的直线。

> 命令：_line
> 指定第一点： 在窗口任意位置单击鼠标左键，确定第一点 A
> 指定下一点或 [放弃 (U)]：<正交 开> 25 确定 B 点
> 指定下一点或 [放弃 (U)]：82.5 确定 C 点
> 指定下一点或 [闭合 (C)/放弃 (U)]：<正交 关>@100<109
> 指定下一点或 [闭合 (C)/放弃 (U)]： 回车

2) 分别绘制半径为 62 和 81 的两个圆。

> 命令：_circle
> 指定圆的圆心或 [三点 (3P)/两点 (2P)/切点、切点、半径 (T)]：
> 　　　　　　　　　　　　　　　　　　　　　　捕捉垂直线 25 的上端点 A
> 指定圆的半径或 [直径 (D)] <5.5431>：62
> 命令：CIRCLE
> 指定圆的圆心或 [三点 (3P)/两点 (2P)/切点、切点、半径 (T)]：
> 　　　　　　　　　　　　　　　　　　　　　　捕捉水平线 82.5 的右端点 C
> 指定圆的半径或 [直径 (D)] <62.0000>：81

两圆相交的上面交点即为 E。

3) 根据起点 A、端点 E 和角度 55°绘制圆弧。

> 命令：_arc "圆弧"命令
> 指定圆弧的起点或 [圆心 (C)]： 捕捉端点 A
> 指定圆弧的第二个点或 [圆心 (C)/端点 (E)]：e
> 指定圆弧的端点： 捕捉端点 E
> 指定圆弧的中心点（按住 Ctrl 键以切换方向）或 [角度 (A)/方向 (D)/半径 (R)]：a
> 指定夹角（按住 Ctrl 键的切换方向）：55

4) 绘制直线 ED。

> 命令：_line
> 指定第一点： 捕捉端点 E
> 指定下一点或 [放弃 (U)]：<正交 开> 捕捉水平方向与 1) 中斜线的交点，即 D 点
> 指定下一点或 [放弃 (U)]： 回车
> 命令：_erase 找到 2 个 删除两个辅助圆

5）修剪多余线段。

```
命令：_trim
当前设置：投影 = UCS，边 = 延伸
选择剪切边…
选择对象：找到 1 个                                    选择直线 ED
选择对象：                                           回车
选择要修剪的对象，或按住 Shift 键选择要延伸的对象，或 [栏选（F）/窗交（C）/投影
（P）/边（E）删除（R）/放弃（U）]：              对照图 2-29，剪去多余的对象
选择要修剪的对象，或按住 Shift 键选择要延伸的对象，或 [栏选（F）/窗交（C）/投影
（P）/边（E）/删除（R）/放弃（U）]：                                回车
```

【图例练习 2】绘制图 2-30 所示的图形。

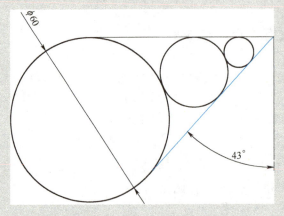

图 2-30 绘制几何图形（二）

操作过程：本例的关键是绘制偏离垂直方向 43°的斜线，长度任意指定。

1）绘制偏离垂直方向 43°的斜线。

```
命令：_line
指定第一点：<正交 开>                          任意指定水平线左端点
指定下一点或 [放弃（U）]：                      任意指定水平线右端点
指定下一点或 [放弃（U）]：                      任意指定垂直线下端点
指定下一点或 [闭合（C）/放弃（U）]：             回车
命令：LINE                                    画出偏垂直方向 43°的斜线
指定第一点：                                  捕捉水平线与垂直线的交点
指定下一点或 [放弃（U）]：<正交 关> @100<-133
指定下一点或 [放弃（U）]：                      回车
```

2）绘制直径为60且与两线相切的圆。

> 命令：_circle
> 指定圆的圆心或 [三点 (3P)/两点 (2P)/切点、切点、半径 (T)]：t
> 指定对象与圆的第一个切点：　　　　　　　　　　　在水平线上任意指定一点
> 指定对象与圆的第二个切点：　　　　　　　　　　　在斜线上任意指定一点
> 指定圆的半径：30　　　　　　　　　　　　　　　　　　　　　　　　　　回车

3）绘制与圆和两线都相切的圆。

> 命令：_circle
> 指定圆的圆心或 [三点 (3P)/两点 (2P)/切点、切点、半径 (T)]：3p
> 指定圆上的第一个点：　　　　　　　　　　对照图2-30进行捕捉，不再作注释
> 指定圆上的第二个点：
> 指定圆上的第三个点：
> 命令：_circle
> 指定圆的圆心或 [三点 (3P)/两点 (2P)/切点、切点、半径 (T)]：3p
> 指定圆上的第一个点：
> 指定圆上的第二个点：
> 指定圆上的第三个点：

剪切多余的线条，绘制完成。

【图例练习3】绘制图2-31中的 *AB* 和 *CD* 切线。

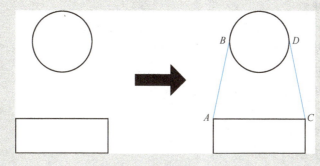

图2-31 "对象捕捉"绘制切线

操作过程：单击状态栏上的"对象捕捉"图标，打开"对象捕捉"。

> 命令：_line
> 指定第一点：　　　　　　　　　　　　　　　　　　　光标移至A点，捕捉端点
> 指定下一点或 [放弃 (U)]：
> 　　　　按住 <Shift> 键并单击鼠标右键，选择快捷菜单中的"切点"，将光标再移至B
> 　　　　点附近，显示切点后单击鼠标左键并回车，如图2-32所示
> 命令：LINE

指定第一点: 光标移至C点，捕捉端点
指定下一点或[放弃(U)]: 按住<Shift>键并单击鼠标右键，选择快捷菜单中的"切点"，将光标再移至D点附近，显示切点后单击鼠标左键并回车

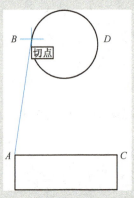

图2-32 "对象捕捉"绘制切线AB

思 考 题

1. 坐标的输入有几种方法？在键盘上输入点坐标的常用表示方法有几种？
2. 正交模式有什么作用？
3. 绘制圆有几种方法？如何绘制任意三角形的内切圆和外接圆？
4. 对象捕捉应在什么情况下使用？可否在绘图命令运行过程中进行对象捕捉设置？
5. 极轴追踪有什么作用？它与正交模式有哪些相似点和不同点？
6. 对象追踪有什么作用？极轴追踪和对象捕捉是如何影响对象追踪的？
7. 绘制三角形，尺寸如图2-33所示。
8. 绘制不规则图形，尺寸如图2-34所示。
9. 绘制梯形，尺寸如图2-35所示。

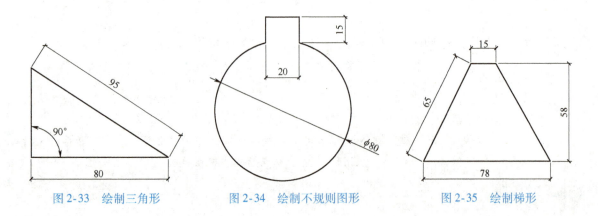

图2-33 绘制三角形　　图2-34 绘制不规则图形　　图2-35 绘制梯形

项目三　绘制石桌立面图

学习目标

1. 重视直线、偏移、镜像等已学知识的应用与巩固。
2. 掌握矩形、倒圆角、图案填充、延伸、打断、对象特性等工具的运用。
3. 掌握所学工具的使用注意事项。
4. 学会石桌立面图的绘制。

学习难点

1. 图案填充的比例调整和图案不易填充的原因分析。
2. 合理修改对象的特性。

知 识 篇

【矩形】 ＜rectang＞

【图例练习1】绘制图3-1所示的树池平面图。

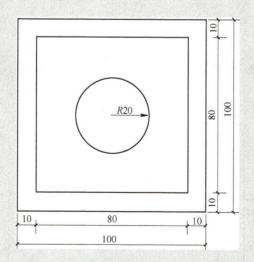

图3-1　用"矩形"绘制树池平面图

操作过程：单击"修改"面板上的"矩形"图标。

1)绘制边长为 100 的大正方形。

> 命令：_rectang "矩形"命令
> 指定第一个角点或 [倒角（C）/标高（E）/圆角（F）/厚度（T）/宽度（W）]：
> 　　　　　　　　　　　　　　　　　　　　　　　　　　在窗口上任意指定一点
> 指定另一个角点或 [尺寸（D）]：@100，100

2)绘制边长为 80 的小正方形。

> 指定偏移距离或 [通过（T）/删除（E）/图层（L）]<通过>：10
> 选择要偏移的对象或 [退出（E）/放弃（U）]<退出>：　选择刚画好的矩形
> 指定点以确定偏移所在一侧，或 [退出（E）/多个（M）/放弃（U）]<退出>：
> 　　　　　　　　　　　　　　　　　　　　　　　　　　在矩形内任意指定一点
> 选择要偏移的对象或 [退出（E）/放弃（U）]<退出>：　回车

3)绘制半径为 20 的圆。

> 命令：_line
> 指定第一点：　　　　　　　　　　　　　　　　　　捕捉小正方形角点
> 指定下一点或 [放弃（U）]：　　　　　　　　　　　捕捉小正方形对角点
> 指定下一点或 [放弃（U）]：　　　　　　　　　　　回车
> 命令：_circle
> 指定圆的圆心或 [三点（3P）/两点（2P）/切点、切点、半径（T）]：
> 　　　　　　　　　　　　　　　　　　　　　　　　　　捕捉对角线中点
> 指定圆的半径或 [直径（D）]：20　　　　　　　　　回车
> 命令：_erase
> 找到 1 个　　　　　　　　　　　　　　　　　　　　删除对角线并回车

【倒圆角】 ＜fillet＞

【图例练习 2】用"倒圆角"绘制图 3-2。

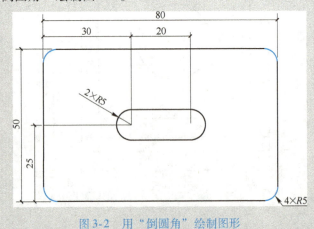

图 3-2 用"倒圆角"绘制图形

操作过程：

1）先绘制直角矩形，然后再用"倒圆角"绘制圆角矩形，如图 3-3 所示；也可用圆角矩形直接绘图。

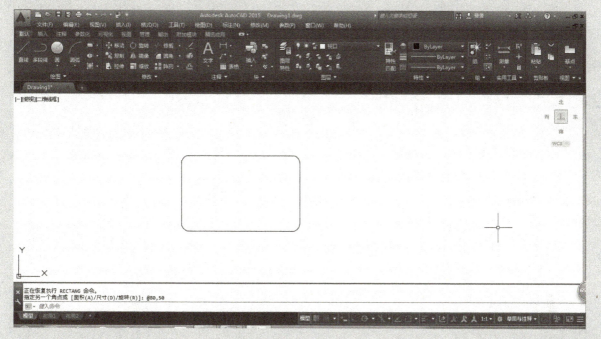

图 3-3　倒圆角

> 命令：_rectang　　　　　　　　　　　　　　　　　　　　　　　　　　"矩形"命令
> 指定第一个角点或［倒角（C）/标高（E）/圆角（F）/厚度（T）/宽度（W）］：
> 　　　　　　　　　　　　　　　　　　　　　在窗口任意位置单击鼠标左键，确定第一点
> 指定另一个角点或［尺寸（D）］：@80，50　　　　　　　　　　　　　　　　回车
> 命令：_fillet　　　　　　　　　　　　　　　　　　　　　　　　　　"倒圆角"命令
> 当前设置：模式 = 修剪，半径 = 5.0000
> 选择第一个对象或［多段线（P）/半径（R）/修剪（T）/多个（U）］：r
> 指定圆角半径 <35.0000>：5
> 选择第一个对象或［多段线（P）/半径（R）/修剪（T）/多个（U）］：
> 　　　　　　　　　　　　　　　　　　　　　　　　选择需要倒圆角的矩形角边
> 选择第二个对象：　　　　　　　　　　　　选择需要倒圆角的矩形角另一边，回车

用相同的命令将矩形其余 3 个角进行倒圆角处理。

2）绘制中间椭圆。先确定左右两个圆心，绘制出切线再修剪即可。

> 命令：_line
> 指定第一点：　　　　　　　　　　　　　　　　　　　　　　　　捕捉矩形左边线中点
> 指定下一点或［放弃（U）］：＜极轴 开＞30
> 指定下一点或［放弃（U）］：20
> 指定下一点或［闭合（C）/放弃（U）］：　　　　　　　　　　　　　　　　回车
> 命令：_circle

指定圆的圆心或 [三点 (3P)/两点 (2P)/切点、切点、半径 (T)]：
捕捉长度为20的水平线左端点
指定圆的半径或 [直径 (D)]：5　　　　　　　　　　　　　　　　　　回车
命令：CIRCLE
指定圆的圆心或 [三点 (3P)/两点 (2P)/切点、切点、半径 (T)]：
捕捉长度为20的水平线右端点
指定圆的半径或 [直径 (D)]：5　　　　　　　　　　　　　　　　　　回车
命令：_line
指定第一点：　　　　　　　　　　　　　　　　　　　　　　捕捉左圆上象限点
指定下一点或 [放弃 (U)]：　　　　　　　　　　　　　　　　捕捉右圆上象限点
指定下一点或 [放弃 (U)]：　　　　　　　　　　　　　　　　　　　　回车
命令：LINE
指定第一点：　　　　　　　　　　　　　　　　　　　　　　捕捉左圆下象限点
指定下一点或 [放弃 (U)]：　　　　　　　　　　　　　　　　捕捉右圆下象限点
指定下一点或 [放弃 (U)]：　　　　　　　　　　　　　　　　　　　　回车
命令：_erase 找到 2 个
命令：_trim
当前设置：投影 = UCS，边 = 延伸
选择剪切边...
选择对象或 <全部选择>：找到 1 个
选择对象：找到 1 个，总计 2 个
选择对象：　　　　　　　　　　　　　　　　　　　　　　　　　　　回车
选择要修剪的对象，或按住 Shift 键选择要延伸的对象，或 [栏选 (F)/窗交 (C)/投影 (P)/边 (E)/放弃 (U)]：　　　　　　　　　　　　　　　　对照图 3-2，剪去多余的部分对象

思路拓展

此图中的圆角矩形也可以直接用矩形工具设定圆角半径绘制而成。

【图案填充】 < bhatch >

【图例练习3】绘制图 3-4 中的矩形，再填充图案，如图 3-5 所示。

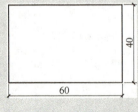
图 3-4　绘制矩形

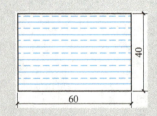
图 3-5　填充矩形

操作过程：

1) 绘制图 3-4 的矩形。

```
命令：_rectang                                    "矩形"命令
指定第一个角点或［倒角（C）/标高（E）/圆角（F）/厚度（T）/宽度（W）］：
                                                  任意指定一点
指定另一个角点或［尺寸（D）］：@60,40             回车
```

2）在矩形中填充如图 3-5 所示的图案。

```
命令：_bhatch                                    激活"图案填充"命令，选择好图案样例
拾取内部点或［选择对象（S）/放弃（U）/设置（T）］：在矩形内部任意处单击鼠标左键
正在分析内部孤岛…                                回车
```

特别提醒：
用 bhatch 命令进行图案填充时，填充边界必须是封闭的，否则将不能正确填充。因此，对非闭合边界填充时，可先作辅助线将填充区域闭合，填充完成后，再将辅助线删除。

【图例练习4】将图 3-5 中的图案进行角度改变，效果如图 3-6 所示。

操作过程：光标选中图 3-5 中的图案，单击鼠标右键，弹出快捷菜单，选择"图案填充编辑"，在"角度"项目中选择"30"，回车。此外，也可通过"图案填充创建"选项卡的各面板工具直接修改。

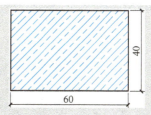

图 3-6 改变角度后填充矩形

特别提醒：
对于已有的填充图案，可以通过 hatchedit（图案填充）命令编辑其图案类型和图案参数特性，但不可修改填充边界的定义；还可以通过特性编辑工具，在伴随窗口中对图案特性进行编辑；也可以使用特性匹配工具，把图案源对象的特性复制到各目标图案上。

执行 hatchedit 命令后，选择要编辑的填充图案，随即弹出"图案填充编辑"对话框。这与"边界图案填充"对话框基本相同，只是其中有一些选项按钮被禁止，其他项目均可以更改设置，结果反映在选择的填充图案上。对关联和不关联图案的编辑，在此也作一些说明：

1）任何一个图形在修改填充边界后，如该边界仍为封闭状态，则图案填充区域自动更新并保持关联性。如边界不能保持封闭，则将丧失关联性。
2）填充图案位于锁定图层或冻结图层上时，修改填充边界，则关联性丧失。
3）用 explode 命令分解一个关联图案填充时，则丧失关联性，并把填充图案分解为分离的线段。

【图例练习5】绘制图 3-7 中的圆，再填充图案，效果如图 3-8 所示。

图 3-7 绘制圆　　图 3-8 填充圆

操作过程：

1）绘制图 3-7 中的圆。

> 命令：_circle
> 指定圆的圆心或 [三点（3P）/两点（2P）/切点、切点、半径（T）]： 任意指定一点
> 指定圆的半径或 [直径（D）]：20 回车

2）填充图案，如图 3-8 所示。

> 命令：_bhatch "图案填充"命令
> 选择继承特性
> 选择关联填充对象： 选择图 3-6 矩形中的图案
> 继承特性：名称 <BRASS>，比例 <1>，角度 <30>
> 选择内部点： 在绘制的圆中任意处单击鼠标左键
> 正在选择所有可见对象…
> 正在分析所选数据… 选中后回车

【图例练习6】 改变图 3-8 中的图案密度，效果如图 3-9 所示。

图 3-9 改变图案密度

操作过程： 光标选中图 3-8 中的图案，单击鼠标右键，弹出快捷菜单，选择"图案填充编辑"，在比例项目中选择"1.5"，预览图案效果后再回车。图案填充时，应根据图形大小设定图案的尺度比例。

特别提醒：

为进一步理解图案填充，学习"图案填充编辑"选项卡上的选项是十分有必要的，可掌握图案填充的设置如图 3-10 所示，也可通过图案、特性等图案填充的相关面板直接设置。

1）类型：选用填充图案类型。包括"预定义""用户定义""自定义"三大类。

2）图案：显示当前选用图案的名称。如果单击了图案右侧的"…"按钮，则弹出"填充图案选项板"，在该选项板中可以直观地选择填充图案种类。

3）样例：显示选择的图案样例。选择图案样例，会弹出"填充图案选项板"。在该对话框中，"ANSI""ISO""其他预定义"三个选项卡中均为预定义类型的图案。

4）角度：设置填充图案的旋转角度。

5）比例：设置填充图案的大小比例。

6）"添加：拾取点"：通过拾取点的方式来自动产生一条围绕该拾取点的边界。此项要求拾取点的周围边界无缺口，否则将不能产生正确边界。

7）"添加：选择对象"：通过选择对象的方式来产生一条封闭的填充边界。如果选取的边界对象有缺口，则在缺口部分填充的图案会出现线段丢失。

8）关联：勾选此项，当对填充边界对象进行编辑时，AutoCAD 会根据边界的新位置重新生成图案填充。

9）继承特性：控制当前填充图案继承一个已经存在的填充图案的特性。如果希望用已有的图案进行填充，但又不记得该图案的特性，使用此选项是较好的方法。

图 3-10　边界图案填充

在进行图案填充时，特别需要注意以下几点。

1）在园林 CAD 制图中，图案填充应绘制在专门的图层中，并把线宽设为细线。

2）进行图案填充前，需将填充区域完整地显示在绘图区内。否则，可能会出现填充边界定义不正确的情况。

3）以普通方式填充时，如果填充边界内有文字对象，且在选择填充边界时也选择了这些文字对象则图案填充到这些文字处会自动断开，使这些对象更加清晰。

4）每次填充的图案都是一个整体，如需对填充图案进行局部修改，则要用 EXPLODE 命令分解后方可进行。一般情况下，不推荐此做法，因为这会大大增加文件的容量。

5）同一树种不同品种使用同一图例时，应在图上附加必要的说明。

6）两个相同的图例相接时，图例线宜错开或倾斜方向应相反。

【延伸】 < extend >

【图例练习 7】将样图 3-11 中的直线 EF 进行延伸，效果如图 3-12 所示。

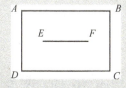 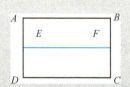

图 3-11　绘制边界及直线　　　图 3-12　直线延伸

操作过程：

> 命令：_extend
> 当前设置：投影＝UCS，边＝无
> 选择边界的边…
> 选择对象：找到 1 个　　　　　　　　　　　　　　　　　　　　　　选择矩形 ABCD
> 选择对象：　　　　　　　　　　　　　　　　　　　　　　　　　　　　回车
> 选择要延伸的对象，或按住 Shift 键选择要修剪的对象，或［栏选（F）/窗交（C）/投影（P）/边（E）/放弃（U）］：　　　　　　　　　　　　　　　　　　选择直线左端点 E
> 选择要延伸的对象，或按住 Shift 键选择要修剪的对象，或［栏选（F）/窗交（C）/投影（P）/边（E）/放弃（U）］：　　　　　　　　　　　　　　　　　　选择直线右端点 F
> 选择要延伸的对象，或按住 Shift 键选择要修剪的对象，或［栏选（F）/窗交（C）/投影（P）/边（E）/放弃（U）］：　　　　　　　　　　　　　　　　　　　　　　　回车

特别提醒：
拾取点决定了延伸的方向，延伸发生在拾取点的一侧。

【打断】 <break>

【图例练习8】用"打断"工具去除图 3-13a 中的线段 AB，效果如图 3-13b 所示。

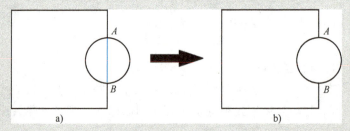

图 3-13 "打断"工具的应用

操作过程：单击"修改"面板上的"打断"图标。

> 命令：_break
> 选择对象：　　　　　　　　　　　　　　　　　　　　　　　　　　点击线段 AB
> 指定第二个打断点 或 ［第一点（F）］：f
> 指定第一个打断点：　　　　　　　　　　　　　　　　　　　　　　捕捉 A 点
> 指定第二个打断点：　　　　　　　　　　　　　　　　　　　　　　捕捉 B 点

【对象特性】

1. 修改对象线型

【图例练习9】将图 3-14 中圆 A 线型修改为圆 B 的 ACAD_ISO05W100 线型。

图 3-14 修改线型

操作过程：

1）单击"特性"面板上的线型列表中的"其他"选项，弹出"线型管理器"，如图 3-15 所示。

图 3-15 线型管理器

2）单击"加载"，弹出"加载或重载线型"对话框，选择"ACAD_ISO05W100"再单击"确定"，如图 3-16 所示。

图 3-16 加载或重载线型

3）选中圆 A 后，再选择"特性"面板线型列表中的"ACAD_ISO05W100"，按 <Esc> 键退出，得到圆 B，如图 3-17 所示。

4）但此时圆 B 中的虚线不明显，线段太密，还需调整"线型管理器"中的全局比例因子，如将其值"1"调为"4"。线型比例越小，不连续线越密。如果线型比例设定不合适，将不能正常显示图线线型。线型比例的全局比例因子一般由公式 $\dfrac{1}{图形输出比例 \times 2}$ 来计算，如：在一个输出比例 1:100 的图中设定 ISO 线型比例，全局比例因子 $= \dfrac{1}{\dfrac{1}{100} \times 2} = 50$。

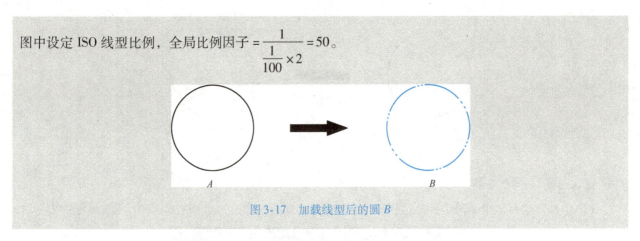

图 3-17　加载线型后的圆 B

2. 修改对象线宽

在一般的园林设计图中，线宽分为三级，分别为粗线（b）、中线（$0.5b$）、细线（$0.35b$）。为了使图形更容易区分，也可以将尺寸标注、图样填充线增设一级，为 $0.25b$。

当前线宽显示在"线宽控制"栏中，如果想更改当前线宽，可单击"线宽控制"栏，在图 3-18 的线宽列表中进行选择。

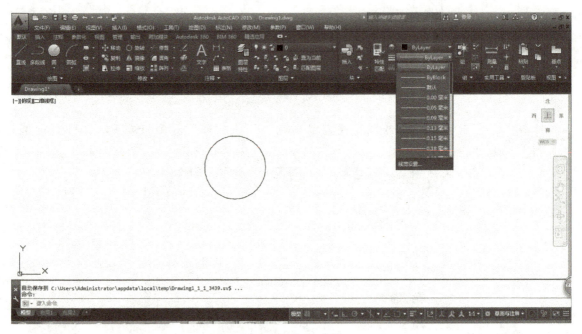

图 3-18　线宽列表

如果想在绘图中显示对象的线宽，可打开状态栏上的"线宽"按钮。在绘图时为了方便观察图形，也可将该按钮关闭。多线的宽度显示不受此按钮的影响。

为了方便图形对象线宽的管理，此项往往设定为"ByLayer"，即由图层的线宽特性来决定对象所用的线宽。

3. 修改对象颜色

颜色的合理使用，可以增强图形的可读性，而且有利于图形的管理。设定图形对象的颜色有两种方法：一是直接指定对象颜色，二是用图层颜色特性来控制对象颜色。直接指定对象颜色容易造成对象管理的混乱，所以建议在图层中管理颜色。

项目三 绘制石桌立面图

设定当前颜色可在"特性"面板的颜色控制列表中选取。列表中显示了"ByLayer""ByBlock"选项和常用的 7 种标准颜色（编号为 1~7 的颜色），如图 3-19 所示。

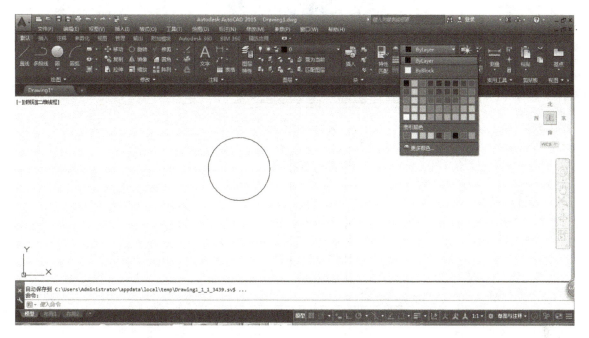

图 3-19　颜色控制列表

如果需要选择其他颜色，可在列表中选择"更多颜色…"选项。在弹出的如图 3-20 所示的"选择颜色"对话框中，不仅可以直接在对应的颜色小方块上进行选择，也可以在颜色文本框中输入颜色的编号（0~255）来选择颜色。

图 3-20　选择颜色

特别提醒：

在选择颜色时，7 号色和 255 号色在绘图时通常显示为白色，但在打印时 7 号色为黑色，255 号色为白色（不打印），请不要混淆。

实 战 篇

【图例练习】按图3-21所示尺寸,绘制石桌立面图。

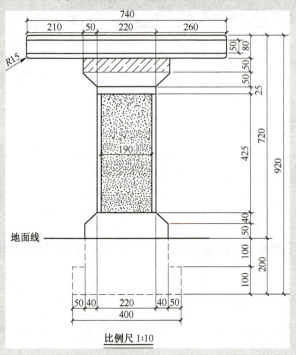

图3-21 石桌立面图

操作过程:

1) 绘制桌面。用"矩形""倒圆角""偏移""延伸"工具进行绘制,如图3-22所示。

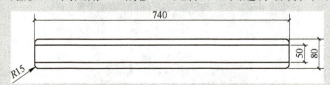

图3-22 绘制石桌桌面

```
命令:_line
指定第一点:<正交 开>
指定下一点或[放弃(U)]:740
指定下一点或[放弃(U)]:80
指定下一点或[闭合(C)/放弃(U)]:740
指定下一点或[闭合(C)/放弃(U)]:c                              回车
命令:_fillet                                              "倒圆角"命令
当前设置:模式=修剪,半径=0.0000
选择第一个对象或[放弃(U)/多段线(P)/半径(R)/修剪(T)/多个(M)]:r
```

指定圆角半径 <0.0000>：15　　　　　　　　　　　　　　　　　　　回车
选择第一个对象或 [放弃 (U)/多段线 (P)/半径 (R)/修剪 (T)/多个 (M)]：
　　　　　　　　　　　　　　　　　　用鼠标左键单击已绘矩形的左下角边
选择第二个对象，或按住 Shift 键选择对象以应用角点或 [半径 (R)]：
　　　　　　　　　　　　　　　　　用鼠标左键单击已绘矩形的左下角另一边

用相同的命令将矩形其余 3 个角进行倒圆角处理。

命令：_offset　　　　　　　　　　　　　　　　　　　　　　　"偏移"命令
指定偏移距离或 [通过 (T) 删除 (E) 图层 (L)]<通过>：15
选择要偏移的对象或 [退出 (E)/放弃 (U)]<退出>：　鼠标左键单击已绘矩形的上边
指定点以确定偏移所在一侧，或 [退出 (E) 多个 (M) 放弃 (U)] <退出>：
　　　　　　　　　　　　　　　　　鼠标左键单击已绘矩形上边的下方任何位置
选择要偏移的对象或 [退出 (E)/放弃 (U)]<退出>：　鼠标左键单击已绘矩形的下边
指定点以确定偏移所在一侧，或 [退出 (E)/多个 (M)/放弃 (U)] <退出>：
　　　　　　　　　　　　　　　　　鼠标左键单击已绘矩形下边的上方任何位置
选择要偏移的对象或 [退出 (E)/放弃 (U)]<退出>：*取消*
命令：_extend　　　　　　　　　　　　　　　　　　　　　　　"延伸"命令
当前设置：投影 = UCS，边 = 无
选择边界的边
选择对象：　　　　　　　　　分别选择已绘矩形的左边垂直线与右边垂直线
选择对象：找到 1 个，总计 2 个　　　　　　　　　　　　　　　回车
选择对象：
选择要延伸的对象，或按住 Shift 键选择要修剪的对象，或 [栏选 (F)/窗交 (C)/投影 (P)/边 (E)/放弃 (U)]：　　　　　　　　　　　单击已偏移线的左端和右端
选择要延伸的对象，或按住 Shift 键选择要修剪的对象，或 [栏选 (F)/窗交 (C)/投影 (P)/边 (E)/放弃 (U)]：　　　　　　　　　　　　　　　　　　　　回车

2）绘制石桌中下部（水平方向）。主要用"偏移"工具进行绘制，如图 3-23 所示。

图 3-23　绘制石桌中下部（水平方向）

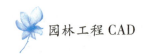

```
命令：_offset                                              "偏移"命令
指定偏移距离或 [通过 (T)/删除 (E)/图层 (L)] <15.0000>：50                回车
选择要偏移的对象，或 [退出 (E)/放弃 (U)] <退出>：        选择已绘矩形的下边线
指定要偏移的那一侧上的点，或 [退出 (E)/多个 (M)/放弃 (U)] <退出>：
                           在已绘矩形下边线的下方任何位置单击鼠标左键
选择要偏移的对象，或 [退出 (E)/放弃 (U)] <退出>：         选择刚偏移的线
指定要偏移的那一侧上的点，或 [退出 (E)/多个 (M)/放弃 (U)] <退出>：
                           在刚偏移线的下方任何位置单击鼠标左键，并回车
选择要偏移的对象，或 [退出 (E)/放弃 (U)] <退出>：25              回车
选择要偏移的对象，或 [退出 (E)/放弃 (U)] <退出>：         选择刚偏移的线
指定要偏移的那一侧上的点，或 [退出 (E)/多个 (M)/放弃 (U)] <退出>：
                                在刚偏移线的下方任何位置单击鼠标左键
选择要偏移的对象，或 [退出 (E)/放弃 (U)] <退出>：*取消*
命令：OFFSET                                              "偏移"命令
指定偏移距离或 [通过 (T)/删除 (E)/图层 (L)] <25.0000>：425              回车
选择要偏移的对象，或 [退出 (E)/放弃 (U)] <退出>：         选择刚偏移的线
指定要偏移的那一侧上的点，或 [退出 (E)/多个 (M)/放弃 (U)] <退出>：
                                在刚偏移线的下方任何位置单击鼠标左键
选择要偏移的对象，或 [退出 (E)/放弃 (U)] <退出>：                回车
命令：OFFSET                                              "偏移"命令
指定偏移距离或 [通过 (T)/删除 (E)/图层 (L)] <425.0000>：40              回车
选择要偏移的对象，或 [退出 (E)/放弃 (U)] <退出>：         选择刚偏移的线
指定要偏移的那一侧上的点，或 [退出 (E)/多个 (M)/放弃 (U)] <退出>：
                                在刚偏移线的下方任何位置单击鼠标左键
选择要偏移的对象，或 [退出 (E)/放弃 (U)] <退出>：                回车
命令：OFFSET                                              "偏移"命令
指定偏移距离或 [通过 (T)/删除 (E)/图层 (L)] <40.0000>：50              回车
选择要偏移的对象，或 [退出 (E)/放弃 (U)] <退出>：         选择刚偏移的线
指定要偏移的那一侧上的点，或 [退出 (E)/多个 (M)/放弃 (U)] <退出>：
                                在刚偏移线的下方任何位置单击鼠标左键
选择要偏移的对象，或 [退出 (E)/放弃 (U)] <退出>：                回车
命令：OFFSET                                              "偏移"命令
指定偏移距离或 [通过 (T)/删除 (E)/图层 (L)] <50.0000>：100              回车
选择要偏移的对象，或 [退出 (E)/放弃 (U)] <退出>：         选择刚偏移的线
指定要偏移的那一侧上的点，或 [退出 (E)/多个 (M)/放弃 (U)] <退出>：
                                在刚偏移线的下方任何位置单击鼠标左键
选择要偏移的对象，或 [退出 (E)/放弃 (U)] <退出>：         选择刚偏移的线
指定要偏移的那一侧上的点，或 [退出 (E)/多个 (M)/放弃 (U)] <退出>：
                                在刚偏移线的下方任何位置单击鼠标左键
选择要偏移的对象，或 [退出 (E)/放弃 (U)] <退出>：                回车
```

所得石桌中下部偏移结果如图3-24所示。

3）绘制石桌中下部（垂直方向）。主要用"偏移""延伸""修剪"等工具进行绘制，如图3-25所示。

图3-24 石桌中下部（水平方向）

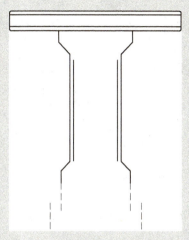
图3-25 绘制石桌中下部（垂直方向）

命令：OFFSET   "偏移"命令
指定偏移距离或［通过（T）/删除（E）/图层（L）］<100.0000>：210
选择要偏移的对象，或［退出（E）/放弃（U）］<退出>：   选择已绘矩形的左边线
指定要偏移的那一侧上的点，或［退出（E）/多个（M）/放弃（U）］<退出>：
                        在已绘矩形左边线的右边任何位置单击鼠标左键
选择要偏移的对象，或［退出（E）/放弃（U）］<退出>：   选择已绘矩形的右边线
指定要偏移的那一侧上的点，或［退出（E）/多个（M）/放弃（U）］<退出>：
                        在已绘矩形右边线的左边任何位置单击鼠标左键
选择要偏移的对象，或［退出（E）/放弃（U）］<退出>：＊取消＊
命令：_extend   "延伸"命令
当前设置：投影=UCS，边=无
选择边界的边...
选择对象：找到1个   选择石桌最底边线
选择对象：
选择要延伸的对象，或按住Shift键选择要修剪的对象，或［栏选（F）/窗交（C）/投影（P）/边（E）/放弃（U）］：   单击距离210的左偏移线的下端
选择要延伸的对象，或按住Shift键选择要修剪的对象，或［栏选（F）/窗交（C）/投影（P）/边（E）/放弃（U）］：   单击距离210的右偏移线的下端
选择要延伸的对象，或按住Shift键选择要修剪的对象，或［栏选（F）/窗交（C）/投影（P）/边（E）/放弃（U）］：   回车
命令：OFFSET   "偏移"命令
指定偏移距离或［通过（T）/删除（E）/图层（L）］<210.0000>：50
选择要偏移的对象，或［退出（E）/放弃（U）］<退出>：选择距离210的左偏移线
指定要偏移的那一侧上的点，或［退出（E）/多个（M）/放弃（U）］<退出>：
                        在距离210的左偏移线右侧任何位置单击鼠标左键
选择要偏移的对象，或［退出（E）/放弃（U）］<退出>：选择距离210的右偏移线

指定要偏移的那一侧上的点，或［退出（E）/多个（M）/放弃（U）］＜退出＞：
在距离210的右偏移线左侧任何位置单击鼠标左键
选择要偏移的对象，或［退出（E）/放弃（U）］＜退出＞：回车
命令：OFFSET "偏移"命令
指定偏移距离或［通过（T）/删除（E）/图层（L）］＜50.0000＞：15
选择要偏移的对象，或［退出（E）/放弃（U）］＜退出＞：
选择刚才距离为50的左偏移线
指定要偏移的那一侧上的点，或［退出（E）/多个（M）/放弃（U）］＜退出＞：
在距离50的左偏移线右侧任何位置单击鼠标左键
选择要偏移的对象，或［退出（E）/放弃（U）］＜退出＞：
选择刚才距离为50的右偏移线
指定要偏移的那一侧上的点，或［退出（E）/多个（M）/放弃（U）］＜退出＞：
在距离50的右偏移线左侧任何位置单击鼠标左键
选择要偏移的对象，或［退出（E）/放弃（U）］＜退出＞：*取消*
命令：_trim "修剪"命令
当前设置：投影＝UCS，边＝无
选择剪切边…
选择对象或＜全部选择＞：找到24个
选择对象： 回车
选择要修剪的对象，或按住Shift键选择要延伸的对象，或［栏选（F）/窗交（C）/投影（P）/边（E）/删除（R）/放弃（U）］： 按题意要求剪去多余部分直线
命令：_line
指定第一点：＜对象捕捉 开＞
对照图3-25，绘制石桌上方的左右两斜线，先捕捉左斜线的上端点
指定下一点或［放弃（U）］： 再捕捉左斜线的下端点
指定下一点或［放弃（U）］： 回车
命令：LINE
指定第一点： 对照图3-25，绘制石桌上方的左右两斜线，先捕捉右斜线的上端点
指定下一点或［放弃（U）］： 再捕捉右斜线的下端点
指定下一点或［放弃（U）］： 回车
命令：_trim 修剪
当前设置：投影＝UCS，边＝无
选择剪切边…
选择对象或＜全部选择＞：指定对角点：选择整个图形，找到28个
选择对象： 回车
选择要修剪的对象，或按住Shift键选择要延伸的对象，或［栏选（F）/窗交（C）/投影（P）/边（E）/放弃（U）］： 对照图3-25，进行适当修剪
选择要修剪的对象，或按住Shift键选择要延伸的对象，或［栏选（F）/窗交（C）/投影（P）/边（E）/放弃（U）］： 回车
命令：_erase
找到2个 结合修剪情况，再删除多余线段

命令：_offset　　　　　　　　　　　　　　　　　　　　　　　　　"偏移"命令
指定偏移距离或［通过（T）/删除（E）/图层（L）］<15.0000>：40
选择要偏移的对象，或［退出（E）/放弃（U）］<退出>：
　　　　　　　　　　　　　　　　　　　选择前面距离50的垂直方向左偏移线
指定要偏移的那一侧上的点，或［退出（E）/多个（M）/放弃（U）］<退出>：
　　　　　　　　　　　　　　在距离50的垂直方向左偏移线的左侧任意位置单击鼠标左键
选择要偏移的对象，或［退出（E）/放弃（U）］<退出>：
　　　　　　　　　　　　　　　　　　　选择前面距离50的垂直方向右偏移线
指定要偏移的那一侧上的点，或［退出（E）/多个（M）/放弃（U）］<退出>：
　　　　　　　　　　　　　　在距离50的垂直方向右偏移线的右侧任意位置单击鼠标左键
选择要偏移的对象，或［退出（E）/放弃（U）］<退出>：　　　　　　　　回车
命令：OFFSET（偏移）
指定偏移距离或［通过（T）/删除（E）/图层（L）］<40.0000>：50
选择要偏移的对象，或［退出（E）/放弃（U）］<退出>：
　　　　　　　　　　　　　　　　　　　　　　选择刚才距离40的左偏移线
指定要偏移的那一侧上的点，或［退出（E）/多个（M）/放弃（U）］<退出>：
　　　　　　　　　　　　　　　　在距离40的左偏移线的左侧任意位置单击鼠标左键
选择要偏移的对象，或［退出（E）/放弃（U）］<退出>：
　　　　　　　　　　　　　　　　　　　　　　选择刚才距离40的右偏移线
指定要偏移的那一侧上的点，或［退出（E）/多个（M）/放弃（U）］<退出>：
　　　　　　　　　　　　　　　　在距离40的右偏移线的右侧任意位置单击鼠标左键
选择要偏移的对象，或［退出（E）/放弃（U）］<退出>：*取消*
命令：_trim（修剪）
当前设置：投影=UCS，边=无
选择剪切边…
选择对象或<全部选择>：指定对角点：找到30个
选择对象：　　　　　　　　　　　　　　　　　　　　　　　　　　　　回车
选择要修剪的对象，或按住Shift键选择要延伸的对象，或［栏选（F）/窗交（C）/投影（P）/边（E）/放弃（U）］：　　　　　　　按题意要求剪去多余部分的直线
命令：_erase 找到2个
命令：_line
指定第一点：　　　对照图3-25，绘制石桌下方的左右两斜线，捕捉左斜线第一点
指定下一点或［放弃（U）］：　　　　　　　　　　　　　　　捕捉左斜线第二点
指定下一点或［放弃（U）］：　　　　　　　　　　　　　　　　　　　　回车
命令：LINE
指定第一点：　　　　　　　　　　　　　　　　　　　　　　　捕捉右斜线第一点
指定下一点或［放弃（U）］：　　　　　　　　　　　　　　　捕捉右斜线第二点
指定下一点或［放弃（U）］：　　　　　　　　　　　　　　　　　　　　回车
命令：_trim
当前设置：投影=UCS，边=无
选择剪切边…

选择对象或（全部选择）：指定对角点：找到 31 个
选择对象： 回车
选择要修剪的对象，或按住 Shift 键选择要延伸的对象，或［栏选（F）/窗交（C）/投影（P）/边（E）/放弃（U）］： 按题意要求剪去多余部分直线

绘制好后，如图 3-26 所示。

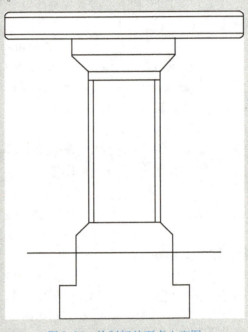

图 3-26　绘制好的石桌立面图

4）填充图案与调整特性。在"绘图"面板上单击"图案填充"，选择适宜的图案进行填充；在"对象特性"面板上修改对象的线宽和线型。

命令：_bhatch（填充）
选择对象或［拾取内部点（K）/放弃（U）/设置（T）］：
单击选中需填充的对象，或单击边界面板上的"拾取点"选择对象；随后，选择图案并调整比例，再回车。

命令：_break 打断
选择对象：
指定第二个打断点 或［第一点（F）］：f
指定第一个打断点： 对照图 3-21，捕捉地面线中间需打断的左端点
指定第二个打断点： 捕捉地面线中间需打断的右端点
命令：BREAK 打断
选择对象：
指定第二个打断点 或［第一点（F）］：f
指定第一个打断点： 对照图 3-21，捕捉地面以下线的中间需打断的左端点
指定第二个打断点： 捕捉地面以下线的中间需打断的右端点
命令：'_lweight <线宽 开>　轮廓线为 0.30mm，地面线为 0.50mm，填充线为 0.15mm

> 命令：*取消*
> 命令：'_linetype <线型 开>
> 　　　　　　　　　选择对象，打开"线型管理器"，选择 ACAD_ISO02W100 线型，
> 　　　　　　　　　调整全局比例因子为5

提 高 篇

【图例练习1】按图3-27所示尺寸绘制图形。

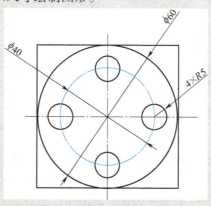

图3-27 绘制几何图形（一）

操作过程：

1）绘制中心线。用"矩形"工具绘制外围60×60的矩形，用"直线"工具绘制好"十"字形的中心线。

> 命令：_rectang　　　　　　　　　　　　　　　　　　　　　　　　　　　"矩形"命令
> 指定第一个角点或［倒角（C）/标高（E）/圆角（F）/厚度（T）/宽度（W）］：
> 　　　　　　　　　　　　　　　　　　　在窗口任意位置单击鼠标左键，确定第一角点
> 指定另一个角点或［面积（A）/尺寸（D）/旋转（R）］：@60,60　　　　　　回车
> 命令：_line
> 指定第一点：<极轴 开>　　　　　　　　　　　　　　捕捉矩形左边中点，确定第一点
> 指定下一点或［放弃（U）］：　　　　　　　　在矩形右边中点的水平方向上任意指定一点
> 指定下一点或［放弃（U）］：　　　　　　　　　　　　　　　　　　　　　　回车
> 命令：LINE
> 指定第一点：　　　　　　　　　　　　　　　　　　　捕捉矩形上边中点，确定第一点
> 指定下一点或［放弃（U）］：　　　　　　　　在矩形下边中点的垂直方向上任意指定一点
> 指定下一点或［放弃（U）］：　　　　　　　　　　　　　　　　　　　　　　回车

2）绘制圆。用"圆"工具捕捉矩形边上的三个切点，画出与矩形相切的大圆；再用"圆"工具捕捉中心线的交点作为圆心，绘制直径为40的圆；最后以此圆与中心线的四个交点为圆心画出半径为5的四个小圆（4×R5）。

```
命令：_circle
指定圆的圆心或 [三点 (3P)/两点 (2P)/切点、切点、半径 (T)]：_3p
指定圆上的第一个点：_tan 到                    在矩形第一条边上捕捉切点
指定圆上的第二个点：_tan 到                    在矩形第二条边上捕捉切点
指定圆上的第三个点：_tan 到                    在矩形第三条边上捕捉切点
命令：_circle
指定圆的圆心或 [三点 (3P)/两点 (2P)/切点、切点、半径 (T)]：    捕捉中心线的交点
指定圆的半径或 [直径 (D)] <30.0000>：20                        回车
命令：CIRCLE
指定圆的圆心或 [三点 (3P)/两点 (2P)/切点、切点、半径 (T)]：
                                        捕捉直径为40的圆与中心线的左交点
指定圆的半径或 [直径 (D)] <20.0000>：5                         回车
命令：CIRCLE
指定圆的圆心或 [三点 (3P)/两点 (2P)/切点、切点、半径 (T)]：
                                        捕捉直径为40的圆与中心线的下交点
指定圆的半径或 [直径 (D)] <5.0000>：                           回车
命令：CIRCLE
指定圆的圆心或 [三点 (3P)/两点 (2P)/切点、切点、半径 (T)]：
                                        捕捉直径为40的圆与中心线的右交点
指定圆的半径或 [直径 (D)] <5.0000>：                           回车
命令：CIRCLE
指定圆的圆心或 [三点 (3P)/两点 (2P)/切点、切点、半径 (T)]：
                                        捕捉直径为40的圆与中心线的上交点
指定圆的半径或 [直径 (D)] <5.0000>：                           回车
```

3) 调整线宽和线型。按照要求，在"对象特性"面板上选择线型"ACAD_ISO10W100"和线宽0.35mm，赋予图中相应的对象。

思路拓展

图中的4个小圆可以先绘制好一个，再用复制或环形阵列工具完成。

【图例练习2】按图3-28所示的尺寸绘制图形。

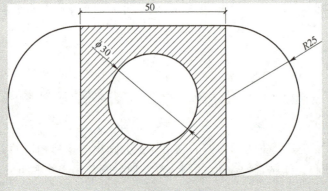

图3-28 绘制几何图形（二）

操作过程：

1）绘制图形轮廓线，如图 3-29 和图 3-30 所示。

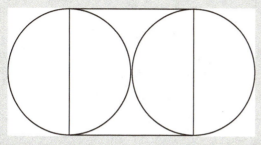 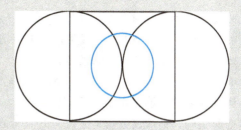

图 3-29　绘制图形轮廓线（一）　　　　图 3-30　绘制图形轮廓线（二）

命令：_rectang
指定第一个角点或［倒角（C）/标高（E）/圆角（F）/厚度（T）/宽度（W）］：
　　　　　　　　　　　　　　　　　　　在窗口任意位置单击鼠标左键，确定第一点
指定另一个角点或［面积（A）/尺寸（D）/旋转（R）］：@50，50　　　　　回车
命令：_circle
指定圆的圆心或［三点（3P）/两点（2P）/切点、切点、半径（T）］：　　捕捉中点
＜对象捕捉 开＞
指定圆的半径或［直径（D）］：　　　　　　　　　　　　　　　　　　　捕捉端点
命令：CIRCLE
指定圆的圆心或［三点（3P）/两点（2P）/切点、切点、半径（T）］：　　捕捉中点
指定圆的半径或［直径（D）］＜25.0000＞：　　　　　　　　　　　　　 捕捉端点
命令：CIRCLE
指定圆的圆心或［三点（3P）/两点（2P）/切点、切点、半径（T）］：　　捕捉两圆交点
指定圆的半径或［直径（D）］＜25.0000＞：15
命令：_trim
当前设置：投影 = UCS，边 = 无
选择剪切边…
选择对象或＜全部选择＞：指定对角点：找到 1 个
选择对象：
选择要修剪的对象，或按住 Shift 键选择要延伸的对象，或
［栏选（F）/窗交（C）/投影（P）/边（E）/删除（R）/放弃（U）］：
　　　　　　　　　　　　　　　　　　　　　按题意要求剪去多余部分直线，回车。

2）填充图案。

命令：_bhatch
选择对象或［拾取内部点（K）/放弃（U）/设置（T）］：
单击选中需填充的对象，或单击边界面板上的"拾取点"选择对象；随后，选择图案并调
　　　　　　　　　　　　　　　　　　　　　　　　　　　　　　　整比例，再回车。

3）调整线宽和线型。选中矩形、两个半圆和 1 个圆，在对象特性"线宽控制"栏中选择 0.35mm 线宽。

思 考 题

1. 定义填充边界可以用"拾取点"和"选择对象",这两种方法有什么区别?
2. 说明"bhatch"命令中关联图案与不关联图案的区别。
3. 什么是孤岛?删除孤岛的含义是什么?
4. 对填充图案使用"explode"命令的结果是什么?
5. 怎样操作可使用填充图案避开文字?
6. 填充图案时,如果图案填不了,应如何处理?
7. 线型比例对图线的显示有哪些影响?如何确定线型比例?
8. 线型、线宽和颜色设置中的"ByLayer"是什么含义?
9. 为什么直接指定对象颜色容易导致对象管理的混乱?应如何管理图形对象的颜色?
10. 修改对象特性有哪些方法?
11. 按图 3-31 所示尺寸绘制图形。
12. 按图 3-32 所示尺寸绘制图形。
13. 按图 3-33 所示尺寸绘制图形。

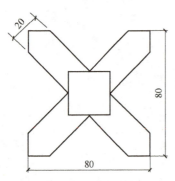

图 3-31　绘制图形(一)

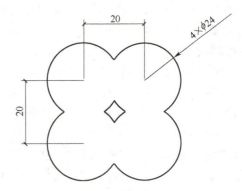

图 3-32　绘制图形(二)

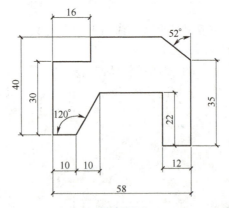

图 3-33　绘制图形(三)

项目四　绘制"我的家园"

 学习目标

1. 熟悉家园及其环境的基本组成要素。
2. 熟练运用"矩形""倒圆角""填充""延伸""打断""对象特性"等已学工具进行绘图。
3. 掌握"样条曲线""椭圆""文字""缩放""正多边形"等新工具的运用。
4. 把握"缩放""正多边形"等工具的注意事项。
5. 学会"我的家园"平面图的绘制。

 学习难点

参照缩放的应用。

知　识　篇

【样条曲线】 < spline >

园林设计中有许多自由曲线，可以用"样条曲线"命令进行绘制。

【图例练习1】绘制闭合样条曲线 ABCDEF，如图4-1所示。

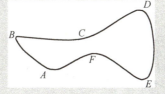

图 4-1　绘制闭合样条曲线

操作过程：

```
命令：_spline
当前设置：方式 = 拟合　节点 = 弦
指定第一个点或 [方式 (M)/节点 (K)/对象 (O)]：                            任意点取 A 点
输入下一个点或 [起点切向 (T)/公差 (L)]：                                点取 B 点
输入下一个点或 [端点相切 (T)/公差 (L)/放弃 (U)]：                       点取 C 点
输入下一个点或 [端点相切 (T)/公差 (L)/放弃 (U)/闭合 (C)]：               点取 D 点
输入下一个点或 [端点相切 (T)/公差 (L)/放弃 (U)/闭合 (C)]：               点取 E 点
```

输入下一个点或 [端点相切 (T)/公差 (L)/放弃 (U)/闭合 (C)]:	点取 F 点
输入下一个点或 [端点相切 (T)/公差 (L)/放弃 (U)/闭合 (C)]: c	回车
指定切向:	出现橡筋线指示切线方向，如图4-2所示，移动光标调整样条曲线形状，在窗口上单击一下

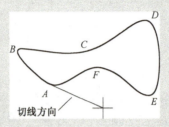

图 4-2 切线方向

特别提醒：

在使用"样条曲线"命令的过程中，相关参数的含义为：

1) 对象 (O)：将已存在的拟合样条曲线多段线转换为等价的样条曲线。

2) 第一个点：定义样条曲线的起始点。

3) 下一个点：定义样条曲线的一般点。

4) 闭合 (C)：样条曲线首尾连成封闭曲线。

5) 公差 (L)：定义拟合公差大小。拟合公差控制样条曲线与指定点间的偏差程度，值越大，生成的样条曲线越光滑。

6) 起点相切：定义起点处的切线方向。

7) 端点相切：定义终点处的切线方向。

8) 放弃 (U)：该选项不在提示中出现，可输入U取消上一段曲线。

【椭圆】 <ellipse>

【图例练习2】绘制如图4-3所示的椭圆。

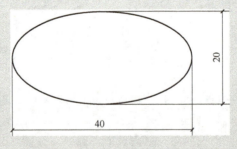

图 4-3 绘制椭圆

操作过程：

命令: _ellipse	"椭圆"命令
指定椭圆的轴端点或 [圆弧 (A)/中心点 (C)]:	任意指定左端点

项目四　绘制"我的家园"

| 指定轴的另一个端点：@40，0 | 回车 |
| 指定另一条半轴长度或［旋转（R）］：10 | 回车 |

特别提醒：
在使用"椭圆"命令过程中，相关参数的含义为：
1）轴端点：指定椭圆轴的端点。
2）中心点（C）：指定椭圆的中心点。
3）半轴长度：指定半轴的长度。
4）旋转（R）：指定一轴相对于另一轴的旋转角度，角度值需在0°～89.4°之间。

【多行文字】 < mtext >

在 AutoCAD 2015 的文字编辑中，有多行文字（mtext）和单行文字（dtext），由于前者使用较多，编辑选项较丰富，因此经常使用。在这里，仅介绍"多行文字"命令，有兴趣的读者可自行查阅相关资料学习"单行文字"命令。

【图例练习3】创建图4-4中的文本。

图4-4　创建文本（一）

操作过程：
1）设定文字样式。单击"注释"选项卡→"style"（文字样式），弹出"文字样式"对话框，如图4-5所示。选择常用的英文字体"gbenor.shx"，勾选"使用大字体"复选框，中文字体（即"大字体"）选"gbcbig.shx"。文字高度设为0，其他不变，单击"应用"按钮。

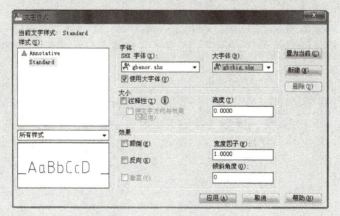

图4-5　"文字样式"对话框

2）输入文字。

| 命令：_mtext | 当前文字样式：Standard，当前文字高度：2.5 |
| 指定第一角点： | 在窗口上任意指定一点 |

> 指定对角点或［高度（H）/对正（J）/行距（L）/旋转（R）/样式（S）/宽度（W）］：
> 　　　　　　　　　　　　指定另一点后选择已设定的文字样式，设定文字高度5，
> 　　　　　　　　　　　　输入汉字"园林AutoCAD"后再确定

特别提醒：
执行"注释"选项卡→"style"命令后，系统弹出图4-5所示的"文字样式"对话框。在该对话框中，可以新建或修改文字样式。

1)"字体"：图的标题一般直接使用Windows的TrueType字库，如仿宋体、黑体等。标注和说明文字要使用符合国家标准的高3宽2的长仿宋体，字体相同，但高度设定不一样。常用的英文及数字正体有"gbenor.shx"，中文字体有"gbcbig.shx"等。

2)"高度"：根据输入的值设置文字高度，此项宜设为0。如果输入0，每次用该样式输入文字时，AutoCAD都提示输入文字高度。如果输入值大于0，则在使用该文字样式输入文字时统一使用该高度，不再提示输入文字高度。

3)"使用大字体"复选框：大字体是指AutoCAD专用的非西文线形字体（如中文、日文等）。只有选用英文shx字体后，才可以选择该复选框，常用的中文大字体有"gbcbig.shx"。

【图例练习4】创建图4-6中的文本。

图4-6　创建文本（二）

操作过程： 在设定文字样式后，单击"文字"面板上的"多行文字"（mtext）。

> 命令：_mtext
> 指定第一角点：　　　　　　　　　　　　　　　　　　在窗口上任意指定一点
> 指定对角点或［高度（H）/对正（J）/行距（L）/旋转（R）/样式（S）/宽度（W）］：
> 　　　　　　　　　　　　指定另一点后选择已设定的文字样式，输入文字"环境时刻是严重"，
> 　　　　　　　　　　　　文字高度分别调整为5、10、7、5并回车，单击关闭文字编辑器

特别提醒：
1) 字高与比例。图纸的文字高度可选取3.5mm、5mm、7mm、10mm、14mm或20mm，字母和数字的高度应不小于2.5mm。考虑到打印出图时的比例因子，在模型空间绘制文字时应把希望得到的字高除以出图比例来确定字高，例如：在比例为1:200的图中，想得到5mm的字高，绘制时的字高应为5mm÷（1/200）=1000mm。

2) 如果在当前字体的字库中没有某些特殊字符（包括汉字），这些字符则会显示为若干"?"，此时，更换所用的字体可以恢复正常的显示效果。

【图例练习5】创建图4-7中的文本。

栽培植物多样性

图4-7　创建文本（三）

操作过程：将系统变量TEXTFILL设置为0，单击"注释"选项卡→"文字"面板→"多行文字"（mtext）。

命令：_mtext　　　　　　　　　　　　　　　　　　　　"多行文字"命令
指定第一角点：　　　　　　　　　　　　　　　　　　在窗口上任意指定一点
指定对角点或［高度（H）/对正（J）/行距（L）/旋转（R）/样式（S）/宽度（W）］：
　　　　　　　　指定另一点后选择"宋体"字体，输入文字"栽培植物多样性"，
　　　　　　　　设定文字高度为5后再确定，预览或打印时有此效果

特别提醒：
1）当字体样式采用TrueType字体时，可以通过系统变量TEXTFILL设置文字打印输出时是否填充，变量为1（默认值）时进行填充，为0时则不填充。
2）特殊字符：可选择"注释"选项卡→"插入"面板上的符号。

%%C →φ（直径）
%%D →°（度）
%%U → 下划线
%%O → 上划线

【图例练习6】将图4-8中的文本修改为图4-9中的文本。

长方形栽植方式　　正方形栽培方式

图4-8　修改文本（一）　　　　图4-9　修改文本（二）

操作过程：移动光标单击文字，然后单击鼠标右键，选择"编辑多行文字"。执行"文字编辑"命令后，首先选择要修改编辑的文字，弹出"文字格式"对话框，修改后如图4-10所示。

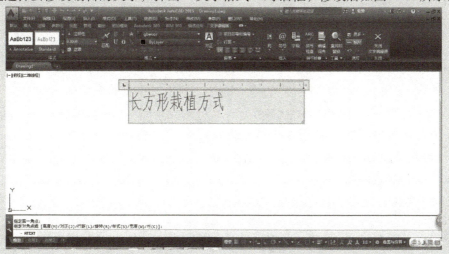

图4-10　修改文本（三）

在该对话框中,用户可以重新编辑输入的文字。单击"确定"按钮后,修改后的结果可以直接反映在屏幕上。用户还可以通过"特性"对话框来编辑修改文字及属性,也可使用特性匹配工具,把文字源对象的特性复制到各组文字上。

【图例练习7】改变镜像文本(mirrtext)的值(1或0),观察图4-11和图4-12的镜像效果。

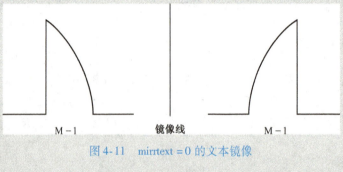

图4-11 mirrtext＝0 的文本镜像

图4-12 mirrtext＝1 的文本镜像

文字镜像时,可通过改变mirrtext变量控制是否使文字和其他对象一样被镜像。如果mirrtext值为0,则文字不作镜像处理;如果mirrtext值为1(默认设置),则文字和其他对象一样被镜像。

【缩放】 ＜scale＞

【图例练习8】将图4-13缩放成图4-14。

 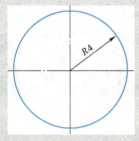

图4-13 几何图形(一)　　图4-14 缩放图形(一)

操作过程: 打开"修改"面板,单击"比例缩放"。

命令:_scale	"比例缩放"命令
选择对象:	选择图4-13中的圆和两条线
指定基点:	在窗口上任意指定基点
指定比例因子或 [复制(C)/参照(R)]:	输入2,回车

【图例练习9】将图4-15缩放成图4-16。

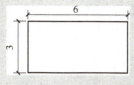
图4-15 几何图形（二）

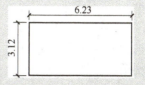
图4-16 缩放图形（二）

操作过程：

命令：_scale	"比例缩放"命令
选择对象：	选择图4-15中的矩形
指定对角点：	找到4个
指定基点：	在窗口上任意指定另一点
指定比例因子或［复制（C）/参照（R）］：r	
指定参照长度 <1>：	选择矩形长边的一点
指定第二点：	选择矩形长边的另一点
指定新长度或［点（P）］：6.23	回车

特别提醒：

"比例缩放"真正改变了图形的大小，和视图显示中的"ZOOM"命令缩放有本质的区别。"ZOOM"命令仅仅改变在屏幕上的显示大小，图形本身的尺寸无任何变化。

【正多边形】 <polygon>

【图例练习10】按图4-17所示尺寸绘图。

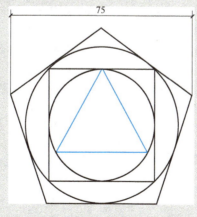
图4-17 正多边形绘图（一）

操作过程： 本例应从内向外画，主要是用"正多边形"工具进行绘图，最后再用"缩放"工具调整大小。（学生思考一下从外向内应该怎么画。）

1)绘制正三角形。

  命令:_polygon   "正多边形"命令
  输入侧面数 <4>:3
  指定正多边形的中心点或[边(E)]:   窗口上任意指定一点
  输入选项[内接于圆(I)/外切于圆(C)]<I>:   回车
  指定圆的半径: 打开"正交"后任意指定

2)捕捉三角形的3个顶点。

  命令:_circle
  指定圆的圆心或[三点(3P)/两点(2P)/切点、切点、半径(T)]:3p
  指定圆上的第一个点: 捕捉三角形的上角点
  指定圆上的第二个点: 捕捉三角形的左角点
  指定圆上的第三个点: 捕捉三角形的右角点

3)绘制相切的正四边形和圆。

  命令:_polygon
  输入侧面数 <3>:4
  指定正多边形的中心点或[边(E)]:   捕捉刚才绘制圆的圆心
  输入选项[内接于圆(I)/外切于圆(C)]<I>:c
  指定圆的半径: 捕捉三角形的上角点
  命令:_circle
  指定圆的圆心或[三点(3P)/两点(2P)/切点、切点、半径(T)]: 捕捉所绘圆的圆心
  指定圆的半径或[直径(D)]:   捕捉正方形的某一角点

4)绘制正五边形。

  命令:_polygon
  输入侧面数 <4>:5
  指定正多边形的中心点或[边(E)]:   捕捉已绘制圆的圆心
  输入选项[内接于圆(I)/外切于圆(C)]<C>:c
  指定圆的半径: 捕捉大圆的下象限点

5)缩放尺寸。

  命令:_scale
  选择对象:
  指定对角点:找到5个   选择整个图形
  选择对象: 回车

```
指定基点：                                      在窗口任意指定一点
指定比例因子或［复制（C）/参照（R）］：r
指定参照长度 <1>：                              捕捉正五边形的左角点
指定第二点：<正交 关>                           捕捉正五边形的右角点
指定新长度或［点（P）］：75
```

思路拓展

本图从内向外画得相对容易，如果从外向内绘制，关键是要绘制一条过图形中心点的45°倍数线，再绘制一个正方形。

【图例练习11】 按图4-18所示尺寸绘图。

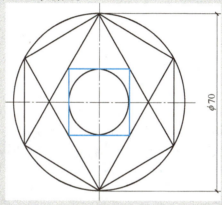

图4-18 正多边形绘图（二）

操作过程：

1）绘制中心线。

```
命令：_line
指定第一点：<正交 开>                在窗口任意位置单击鼠标左键，确定第一点
指定下一点或［放弃（U）］：                                  长度任意指定
指定下一点或［放弃（U）］：                                        回车
命令：LINE
指定第一点：                        在窗口任意位置单击鼠标左键，确定第一点
指定下一点或［放弃（U）］：          绘制与水平线相交的垂直线，长度任意指定
指定下一点或［放弃（U）］：                                        回车
```

2）绘制大圆和正六边形。

```
命令：_circle
指定圆的圆心或［三点（3P）/两点（2P）/切点、切点、半径（T）］：  捕捉中心线的交点
指定圆的半径或［直径（D）］<29.9026>：35
命令：_polygon
输入边的数目 <5>：6
指定正多边形的中心点或［边（E）］：                        捕捉中心线的交点
输入选项［内接于圆（I）/外切于圆（C）］<C>：I                         回车
```

指定圆的半径： 捕捉圆的下象限点

3）连接六边形角线。

命令：_line
指定第一点： 捕捉六边形的一个角点
指定下一点或［放弃（U）］：＜极轴 开＞＜对象捕捉追踪 关＞＜极轴 关＞
捕捉六边形的另一个角点
指定下一点或［闭合（C）/放弃（U）］： 回车
命令：LINE
指定第一点： 捕捉六边形的一个角点
指定下一点或［放弃（U）］： 捕捉六边形的另一个角点
指定下一点或［放弃（U）］： 回车
命令：LINE
指定第一点： 捕捉六边形的一个角点
指定下一点或［放弃（U）］： 捕捉六边形的另一个角点
指定下一点或［放弃（U）］： 回车

4）绘制正方形和小圆。用极坐标先画好经过中心线交点的任意长度的45°线，确定小正方形的第一点，再用"极轴""对象捕捉追踪"等工具画好四条边，最后画出内部相切的小圆。

命令：_line
指定第一点： 捕捉圆心
指定下一点或［放弃（U）］：@30＜45
指定下一点或［放弃（U）］： 回车
命令：_line
指定第一点： 捕捉刚才所绘直线与六边形对角线的交点
指定下一点或［放弃（U）］：＜极轴 开＞＜对象捕捉追踪 开＞＜对象捕捉追踪 开＞
捕捉极轴反向延长线与六边形左边对角线的交点
指定下一点或［放弃（U）］： 捕捉极轴垂线与六边形对角线的下方交点
指定下一点或［闭合（C）/放弃（U）］：
捕捉极轴垂线的反向延长线与六边形右边对角线的交点
指定下一点或［闭合（C）/放弃（U）］： 捕捉@30＜45斜线与六边形对角线的交点
指定下一点或［闭合（C）/放弃（U）］： 回车
命令：_circle
指定圆的圆心或［三点（3P）/两点（2P）/切点、切点、半径（T）］： 捕捉中心线的交点
指定圆的半径或［直径（D）］＜35.0000＞： 捕捉正方形的中点
命令：_erase
选择对象：找到1个 选择@30＜45斜线
选择对象： 回车

特别提醒：

以下参数需要特别注意。

1）边的数目：输入正多边形的边数。

2)中心点:指定绘制的正多边形的中心点。
3)边(E):采用输入其中一条边的方式产生正多边形。
4)内接于圆(I):绘制的正多边形内接于随后定义的圆。
5)外切于圆(C):绘制的正多边形外切于随后定义的圆。
6)圆的半径:定义内切圆或外接圆的半径。

实 战 篇

【图例练习】绘制"我的家园",如图4-19所示。

图4-19 绘制"我的家园"

操作过程:本例属于主观发挥题,虽无具体的尺寸,但可以体现学生的生活体验、园林美感以及对所学知识的应用能力,下面介绍主要绘图过程。

1)绘制小房子,如图4-20所示。其中门的尺寸可自定。

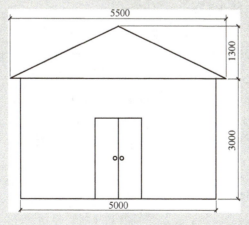

图4-20 绘制小房子

① 绘制一个长为5000、宽为3000的矩形。

```
命令：_line
指定第一点：                                              任意指定一点
指定下一点或［放弃（U）］：＜正交 开＞5000
指定下一点或［放弃（U）］：3000
指定下一点或［放弃（U）］：5000
指定下一点或［放弃（U）］：                                  回车
指定下一点或［闭合（C）/放弃（U）］：                         捕捉端点
```

② 将矩形上边线两端点分别向外偏移250。

```
指定偏移距离或［通过（T）/删除（E）/图层（L）］＜通过＞：250
选择要偏移的对象，或［退出（E）/放弃（U）］＜退出＞：          选择对象
指定要偏移的那一侧上的点，或［退出（E）/多个（M）/放弃（U）］＜退出＞：
                                                         指定点
选择要偏移的对象，或［退出（E）/放弃（U）］＜退出＞：          选择对象
指定要偏移的那一侧上的点，或［退出（E）/多个（M）/放弃（U）］＜退出＞：
                                                         指定点
选择要偏移的对象，或［退出（E）/放弃（U）］＜退出＞：          回车
```

③ 将长度为5000的矩形上水平线左右两端点分别向外延伸250。

```
命令：_extend                                            "延伸"命令
当前设置：投影＝UCS，边＝无
选择边界的边...
选择对象或＜全部选择＞：找到1个
选择对象：找到1个，总计2个
选择对象：                                                回车
选择要延伸的对象，或按住 Shift 键选择要修剪的对象，或［栏选（F）/窗交（C）/投影
（P）/边（E）/放弃（U）］：                              对照图4-20，进行适当延伸
选择要延伸的对象，或按住 Shift 键选择要修剪的对象，或［栏选（F）/窗交（C）/投影
（P）/边（E）/放弃（U）］：                                 回车
```

④ 绘制三角形屋顶。

```
命令：_line
指定第一点：                                         指定矩形上边线的中点
指定下一点或［放弃（U）］：1300
```

指定下一点或 [放弃 (U)]：<正交 关>	捕捉端点
指定下一点或 [闭合 (C)/放弃 (U)]：	回车
命令：LINE	
指定第一点：	捕捉端点
指定下一点或 [放弃 (U)]：	捕捉端点
指定下一点或 [放弃 (U)]：	回车

⑤ 删除多余的线。

命令：_erase	"删除"命令
选择对象：找到1个	
选择对象：找到1个，总计2个	
选择对象：找到1个，总计3个	
选择对象：	回车

⑥ 捕捉矩形下边线中点，绘制高为2000、宽为600的矩形，此矩形为门的一半。

命令：_line	
指定第一点：	捕捉中点
指定下一点或 [放弃 (U)]：<正交 开> 2000	
指定下一点或 [放弃 (U)]：600	
指定下一点或 [闭合 (C)/放弃 (U)]：2000	
指定下一点或 [闭合 (C)/放弃 (U)]：	回车
命令：_circle	
指定圆的圆心或 [三点 (3P)/两点 (2P)/切点、切点、半径 (T)]：<对象捕捉 关>	
	可在矩形下边线中点处，高为2000的线段上任意选取
指定圆的半径或 [直径 (D)] <75.7552>：25	自定半径或直径，并回车

⑦ 利用"镜像"命令绘制门的左半边。

命令：_mirror	"镜像"命令
选择对象：找到1个	
选择对象：找到1个，总计2个	
选择对象：	回车
指定镜像线的第一点：	捕捉点
指定镜像线的第二点：	捕捉点
是否删除源对象？[是 (Y)/否 (N)] <N>：	回车

2) 绘制烟囱。可用"直线"和"修剪"等相关命令完成，如图4-21所示。

3) 绘制烟圈，如图4-22所示。

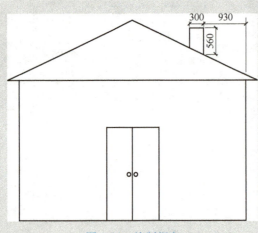

图 4-21 绘制烟囱

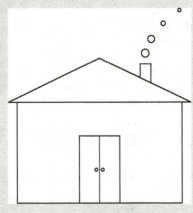

图 4-22 绘制烟圈

> 命令：_circle
> 指定圆的圆心或［三点（3P）/两点（2P）/切点、切点、半径（T）］：t
> 指定圆的半径或［直径（D）］： 任意
> 命令：CIRCLE
> 指定圆的圆心或［三点（3P）/两点（2P）/切点、切点、半径（T）］：t
> 指定圆的半径或［直径（D）］＜151.5105＞： 任意
> 命令：CIRCLE
> 指定圆的圆心或［三点（3P）/两点（2P）/切点、切点、半径（T）］：t
> 指定圆的半径或［直径（D）］＜132.5717＞： 任意
> 命令：CIRCLE
> 指定圆的圆心或［三点（3P）/两点（2P）/切点、切点、半径（T）］：t
> 指定圆的半径或［直径（D）］＜113.6329＞： 任意，并回车

4）填充砖块图案，如图 4-23 所示。

图 4-23 填充砖块

> 命令：_bhatch
> 选择对象或［拾取内部点（K）/放弃（U）/设置（T）］：

单击选中需填充的对象,或单击边界面板上的"拾取点"选择对象;随后,选择图案并调整比例,再回车

命令:<线宽 开>

5)绘制门对联,如图4-24所示。先用"偏移"命令绘出对联外围矩形,然后可在矩形中编辑文字,其中外围矩形尺寸可自定义。

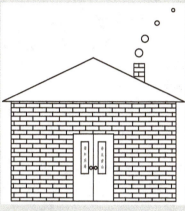

图4-24 绘制门对联

命令:_offset
当前设置:删除源=否 图层=源 OFFSETGAPTYPE=0
指定偏移距离或 [通过(T)/删除(E)/图层(L)]<250.0000>:150
选择要偏移的对象或 [退出(E)/放弃(U)]: 选择小房子门中线
指定点以确定偏移所在一侧,或 [退出(E)/多个(M)/放弃(U)]<退出>:
在小房子门中线的左侧任意位置单击鼠标左键。
选择要偏移的对象或 [退出(E)/放弃(U)]<退出>: 回车
命令:OFFSET(偏移)
指定偏移距离或 [通过(T)/删除(E)/图层(L)]<150.0000>:200
选择要偏移的对象或 [退出(E)/放弃(U)]: 选择小房子左门上边线
指定点以确定偏移所在一侧,或 [退出(E)/多个(M)/放弃(U)]<退出>:
在小房子左门上边线的下方任意位置单击鼠标左键。
选择要偏移的对象或 [退出(E)/放弃(U)]: 回车
命令:OFFSET(偏移)
指定偏移距离或 [通过(T)/删除(E)/图层(L)]<1200.0000>:250
选择要偏移的对象或 [退出(E)/放弃(U)]: 选择刚才距离150的偏移线
指定点以确定偏移所在一侧,或 [退出(E)/多个(M)/放弃(U)]<退出>:
在距离150偏移线的左侧任意位置单击鼠标左键。
选择要偏移的对象或 [退出(E)/放弃(U)]:*取消*
命令:OFFSET(偏移)
指定偏移距离或 [通过(T)/删除(E)/图层(L)]<400.0000>:1200
选择要偏移的对象或 [退出(E)/放弃(U)]: 选择小房子左门上边线
指定点以确定偏移所在一侧,或 [退出(E)/多个(M)/放弃(U)]<退出>:
在小房子左门上边线的下方任意位置单击鼠标左键。

选择要偏移的对象或 [退出 (E)/放弃 (U)]： 回车
命令：_trim
当前设置：投影 = UCS，边 = 无
选择剪切边…
选择对象或 ＜全部选择＞：找到 1 个，总计 3 个
选择对象：总计 4 个 选择门对联线，回车
选择要修剪的对象，或按住 Shift 键选择要延伸的对象，或 [栏选 (F)/窗交 (C)/投影 (P)/边 (E)/放弃 (U)]： 对照图 4-24 的"对联"，剪去多余部分的线，回车
命令：_mirror "镜像"命令
选择对象：指定对角点：找到 4 个 选择门对联线
选择对象： 回车
指定镜像线的第一点： 捕捉门中线的一点
＜对象捕捉 开＞指定镜像线的第二点： 捕捉门中线的另一点
是否删除源对象？[是 (Y)/否 (N)] ＜N＞： 回车
命令：_mtext "多行文字"命令，并设置当前文字样式：Standard。当前文字高度：2.5
指定第一角点： 任意指定
指定对角点或 [高度 (H)/对正 (J)/行距 (L)/旋转 (R)/样式 (S)/宽度 (W)]：
 输入文字"福如东海"，高度 100
命令：_mirror
选择对象：找到 1 个
选择对象：找到 1 个，总计 2 个
选择对象： 回车
指定镜像线的第一点： 捕捉门中线的第一点
＜对象捕捉 开＞指定镜像线的第二点： 捕捉门中线的另一点
是否删除源对象？[是 (Y)/否 (N)] ＜N＞： 回车
命令：_mtedit 其中一个"福如东海"改为"寿比南山"

6）绘制家园环境。

① 道路区划。关键是弧线自然、优美，如图 4-25 所示。

图 4-25　道路区划

```
当前设置: 方式 = 拟合   节点 = 弦
指定第一个点或 [方式 (M)/节点 (K)/对象 (O)]:                               指定起点
指定下一点或 [起点切向 (T)/公差 (L)]:
                              可按图 4-25 大样调整起点切向, 然后指定下一点
指定下一点或 [端点相切 (T)/公差 (L)/放弃 (U)]:                           指定下一点
指定下一点或 [端点相切 (T)/公差 (L)/放弃 (U)/闭合 (C)]:                 指定下一点
指定下一点或 [端点相切 (T)/公差 (L)/放弃 (U)/闭合 (C)]:
                              可按图 4-25 大样调整端点切向, 然后回车
同样方法, 绘制好道路的三条弧线
```

② 画水池, 如图 4-26 所示。

图 4-26 画水池

```
命令: _ellipse                                                          "椭圆"命令
指定椭圆的轴端点或 [圆弧 (A)/中心点 (C)]:                                任意指定
指定轴的另一个端点: @5000, 0
指定另一条半轴长度或 [旋转 (R)]: 1000                                   回车
指定偏移距离或 [通过 (T)/删除 (E)/图层 (L)]: 250
选择要偏移的对象或 [退出 (E)/放弃 (U)]:                                 选择刚绘制的椭圆
指定点以确定偏移所在一侧, 或 [退出 (E)/多个 (M)/放弃 (U)] <退出>:
                              在椭圆内部任意位置单击鼠标左键
选择要偏移的对象或 [退出 (E)/放弃 (U)] <退出>:                          回车
```

③ 填充图案, 如图 4-27 所示。

```
命令: _bhatch                                        外围任意画部分辅助线后再进行填充
选择对象: 找到 3 个                                                     填充草坪
命令: _bhatch
选择对象: 找到 3 个                                                     填充池水
```

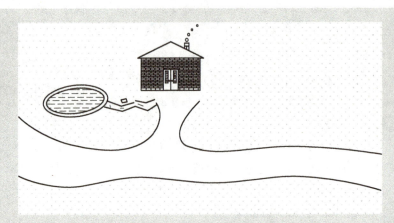

图 4-27 填充图案

④ 树木、花和人等插件的应用，如图 4-28 所示。在园林平面图素材库中选择相应的插件图案，复制后调整其大小，再插入图形中。

图 4-28 插件的应用

命令：_copy
找到 4 个　　　　　　　　　　　　　　　　　　　　　　　　树木、花等
指定基点或 [位移 (D)/模式 (O)] <位移>：　　　　捕捉需复制图案的中心点
指定位移的第二点或 [阵列 (A)] <用第一点作位移>：
　　　　　　　　　　　　　　　　　　　　　　　在所绘图形适当位置单击鼠标左键
指定位移的第二点或 [阵列 (A)/退出 (E)/放弃 (U)] <退出>：
　　　　　　　　　　　　　　　　　　　　　　　在所绘图形适当位置单击鼠标左键
指定位移的第二点：*取消*
命令：_copy
找到 2 个　　　　　　　　　　　　　　　　人、自行车等依次复制，方法同上
指定基点或 [位移 (D)/模式 (O)] <位移>：　　　　捕捉需复制图案的中心点
指定位移的第二点或 [阵列 (A)] <用第一点作位移>：
　　　　　　　　　　　　　　　　　　　　　　　在所绘图形适当位置单击鼠标左键
指定位移的第二点或 [阵列 (A)/退出 (E)/放弃 (U)] <退出>：
　　　　　　　　　　　　　　　　　　　　　　　在所绘图形适当位置单击鼠标左键
指定位移的第二点：*取消*

命令：_scale	"缩放"命令
选择对象：	选择需调整大小的插入图案对象
选择对象：	回车
指定基点：	捕捉需缩放图案的中心点
指定比例因子或［复制（C）/参照（R）］：3/4	缩放比例依图形整体效果而定，回车

提 高 篇

【图例练习1】绘制图4-29所示的图形。

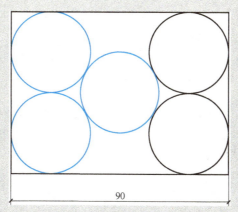

图4-29　绘制几何图形（一）

操作过程：本题的关键是必须由内向外绘图，先绘制好半径自定义且符合题意要求的同等大小的5个圆，再绘制与4个圆相切的矩形。最后值得提醒的是"缩放"工具的合理应用，应该要正确理解"参照缩放"的使用。

1）绘制矩形内部的5个圆。

① 绘制1个圆。

命令：_circle	
指定圆的圆心或［三点（3P）/两点（2P）/切点、切点、半径（T）］：	
	窗口中任意指定圆心位置
指定圆的半径或［直径（D）］：10	

② 复制两个圆，如图4-30所示。

命令：_copy	"复制"命令
选择对象：找到1个	
指定基点或［位移（D）/模式（O）］＜位移＞：＜对象捕捉 关＞ ＜对象捕捉 开＞指定位移的第二点或＜用第一点作位移＞：@0, 20	捕捉已绘好圆的圆心

指定第二个点或［阵列（A）］＜使用第一个点作为位移＞：@20＜30
指定第二个点或［阵列（A）/退出（E）/放弃（U）］＜退出＞：　　　　　　　回车

③镜像后得到右边两个圆，如图4-31所示。

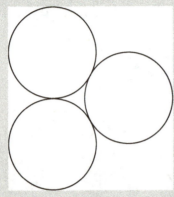
图4-30　复制后的圆

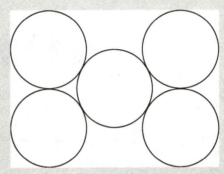
图4-31　镜像后的圆

命令：_mirror　　　　　　　　　　　　　　　　　　　　　　　"镜像"命令
选择对象：找到1个
选择对象：找到1个，总计2个　　　　　　　　　　　　　　　　　　回车
指定镜像线的第一点：　　　　　　　　　　　　　　　　　　捕捉右侧圆的圆心
指定镜像线的第二点：＜正交　开＞　　　　　　　　　　任意指定垂线的第二点
是否删除源对象？［是（Y）/否（N）］＜N＞：　　　　　　　　　　　回车

2）绘制外切矩形。
①分别捕捉圆的两个象限点，绘制左边和上边的切线各一条。

命令：_line
指定第一点：_tan 到　　　　　　　　　　　　　　　　捕捉左上方圆的上象限点
指定下一点或［放弃（U）］：_tan 到　　　　　　　　　捕捉右上方圆的上象限点
指定下一点或［放弃（U）］：　　　　　　　　　　　　　　　　　　　回车
命令：LINE
指定第一点：_tan 到　　　　　　　　　　　　　　　　捕捉左上方圆的左象限点
指定下一点或［放弃（U）］：_tan 到　　　　　　　　　捕捉左下方圆的左象限点
指定下一点或［放弃（U）］：　　　　　　　　　　　　　　　　　　　回车

②用"镜像"工具得到另外两条切线，如图4-32所示。

命令：_mirror
选择对象：找到1个　　　　　　　　　　　　　　　　　　　　选择圆上方切线
选择对象：　　　　　　　　　　　　　　　　　　　　　　　　　　　回车

指定镜像线的第一点:	捕捉中间的圆心
指定镜像线的第二点:	捕捉右侧两圆的交点
是否删除源对象?[是(Y)/否(N)]<N>:	回车
命令:MIRROR	
选择对象:找到1个	选择圆左边切线
选择对象:	回车
指定镜像线的第一点:	捕捉中间的圆心
指定镜像线的第二点:	任意指定垂线的第二点
是否删除源对象?[是(Y)/否(N)]<N>:	回车

③ 延伸4条切线相交后得到矩形,如图4-33所示。

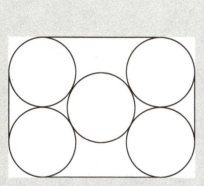

图4-32 绘制4条切线

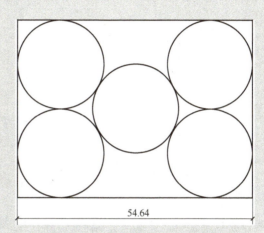

图4-33 延伸切线得到外切矩形

命令:_extend	"延伸"命令
当前设置:投影=UCS,边=无	
选择边界的边…	
选择对象或<全部选择>:指定对角点:找到9个	选择整个图形
选择对象:	回车
选择要延伸的对象,或按住Shift键选择要修剪的对象,或[栏选(F)/窗交(C)/投影(P)/边(E)/放弃(U)]:	分别单击四条切线的左右端点,使其延伸
选择要延伸的对象,或按住Shift键选择要修剪的对象,或[栏选(F)/窗交(C)/投影(P)/边(E)/放弃(U)]:	回车

3) 缩放图形尺寸。

命令:_scale	"缩放"命令
选择对象:	选择要缩放的图形
指定对角点:找到9个	回车
选择对象:	任意指定
指定基点:	

```
指定比例因子或［复制（C）/参照（R）］：R
指定参照长度 <1>：指定第二点：
指定新长度或［点（P）］<1>：90
```

4）标注尺寸⊖。按照图4-29，标注相应尺寸。

思路拓展

图中5个小圆也可用等边三角形和"镜像"工具快速做好。

【图例练习2】绘制图4-34所示的图形。

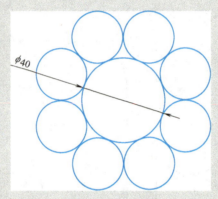

图4-34 绘制几何图形（二）

操作过程： 本例与上题正好相反，应该从外向内绘制，先任意绘制一个正八边形，然后以正八边形的顶点为圆心，边长为直径，画8个同样大小的圆，并在此基础上画出内部相切的大圆，最后调整其大小。

1）绘制正八边形。

```
命令：_polygon
输入侧面数 <4>：8
指定正多边形的中心点或［边（E）］：                    任意指定
输入选项［内接于圆（I）/外切于圆（C）］<I>：c         回车
指定圆的半径：<正交 开>                              任意指定
```

2）绘制8个小圆。

① 绘制4个圆。分别以正八边形角点为圆心，边长的一半为半径，绘制图4-34中左侧的4个圆。

```
命令：_circle
指定圆的圆心或［三点（3P）/两点（2P）/切点、切点、半径（T）］：捕捉正八边形的角点
指定圆的半径或［直径（D）］：<正交 关>               捕捉正八边形的中点
```

⊖ 由于每个图例都有明确的标注，按照相应的图便可完成，因此对于标注尺寸的命令将不作注释。——编者注

```
命令: CIRCLE
指定圆的圆心或 [三点 (3P)/两点 (2P)/切点、切点、半径 (T)]:        捕捉正八边形的角点
指定圆的半径或 [直径 (D)] <99.6398>:                          捕捉正八边形的中点
命令: CIRCLE
指定圆的圆心或 [三点 (3P)/两点 (2P)/切点、切点、半径 (T)]:        捕捉正八边形的角点
指定圆的半径或 [直径 (D)] <99.6398>:                          捕捉正八边形的中点
命令: CIRCLE
指定圆的圆心或 [三点 (3P)/两点 (2P)/切点、切点、半径 (T)]:        捕捉正八边形的角点
指定圆的半径或 [直径 (D)] <99.6398>:                          捕捉正八边形的中点
```

② 用"镜像"工具得到右侧的 4 个圆。

```
命令: _mirror
选择对象: 指定对角点: 找到 2 个
选择对象: 找到 1 个, 总计 3 个
选择对象: 找到 1 个, 总计 4 个
选择对象:                                                   回车
指定镜像线的第一点:                                         捕捉正八边形上水平边的中点
指定镜像线的第二点:                                         捕捉正八边形下水平边的中点
是否删除源对象?[是 (Y)/否 (N)] <N>:                          回车
```

3) 绘制相切的内圆。

```
命令: _circle
指定圆的圆心或 [三点 (3P)/两点 (2P)/切点、切点、半径 (T)]: _3p
指定圆上的第一个点: _tan 到
指定圆上的第二个点: _tan 到
指定圆上的第三个点: _tan 到
```

4) 删除正八边形。

```
命令: _erase
选择对象: 找到 1 个
选择对象:                                                   回车
```

5) 缩放尺寸。

```
命令: _scale
选择对象:
指定对角点: 找到 9 个                                         选择整个图形
选择对象:                                                   回车
指定基点:                                                   任意指定
```

```
指定比例因子或[复制(C)/参照(R)]：r
指定参照长度 <1>：指定第二点：
指定新长度[点(P)]<1>：40                        回车
```

思路拓展

1）绘制图中8个小圆时，也可先画一条水平线，再阵列为同一中心点的8条线，用"相切、相切、任意半径"绘制好一个圆，再阵列为8个圆。

2）用正多边形绘制8小圆时，可先在一个角点绘图，再用"复制"工具完成其他小圆的绘制。

思 考 题

1. 在图形中进行文字标注有哪些要求？
2. 在输入文字时，字高应如何确定？
3. "文字样式"与"字体"之间有何不同？一个文字样式可否使用两种中文字体？一种中文字体可否被不同的文字样式使用？
4. 选择字体时需要考虑什么因素？
5. 已经用ROMANS字体写入了一段多行文字，但它应该是斜体的，怎样改正？
6. 打开某图形文件中的中文显示为若干"？"，应如何修改方可使文字正常显示？
7. 修改已经使用的文字样式对原图有何影响？这种情况对单行文字和多行文字的影响相同吗？
8. 打开一个新图，在图形中创建文字样式，要求文字样式名为FSX，字体为"仿宋-GB2312"，字体高度为0，文字的宽度比例为0.7，高度的倾斜角度为15°，并进行文字输入。
9. 要使镜像的文字不发生反向，应如何设置？
10. 按图4-35所示尺寸绘制图形。
11. 按图4-36所示尺寸绘制图形。
12. 按图4-37所示尺寸绘制图形。
13. 按图4-38所示尺寸绘制图形。

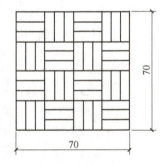

图4-35 绘制图形（一）

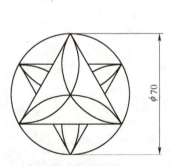

图4-36 绘制图形（二）

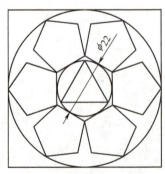

图4-37 绘制图形（三）

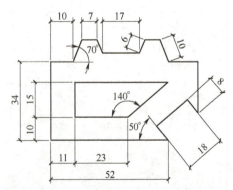

图4-38 绘制图形（四）

项目五　绘制石凳平面图和立面图

 学习目标

1. 熟练运用"样条曲线""椭圆""缩放""正多边形"和"文字"等已学工具进行绘图。
2. 掌握"复制""移动""标注"等新工具的运用技术。
3. 熟悉"复制""移动""标注"等工具的使用注意事项。
4. 学会石凳平面图和立面图的绘制。

 学习难点

1. 标注样式的设定。
2. 标注的实际应用。

知　识　篇

【复制】 < copy >

【图例练习1】用"复制"工具绘图，如图5-1所示。

图5-1　用"复制"工具绘制几何图形

操作过程：

1）绘制半径为5的圆。

> 命令：_circle
> 指定圆的圆心或 [三点（3P）/两点（2P）/切点、切点、半径（T）]：
> 　　　　　　　　　　　　　　　　　　　在窗口任意位置指定圆心
> 指定圆的半径或 [直径（D）]：5

85

2）单击"修改"面板上的"复制"工具,水平方向复制3个半径为5的圆。

> 命令：COPY
> 选择对象： <正交 开> 找到 1 个
> 选择对象： 回车
> 指定基点或 [位移 (D)/模式 (O)] <位移>： 捕捉所绘圆的圆心
> 指定位移的第二点或 [阵列 (A)] <用第一点作位移>：
> 　　　　　　　　　　　　　　　　　　　　　光标拖向右方后10，回车
> 指定位移的第二点 [阵列 (A)/退出 (E)/放弃 (U)] <退出>：
> 　　　　　　　　　　　　　　　　　　　　　光标拖向右方后20，回车
> 指定位移的第二点 [阵列 (A)/退出 (E)/放弃 (U)] <退出>：
> 　　　　　　　　　　　　　　　　　　　　　光标拖向右方后30，回车
> 指定位移的第二点 [阵列 (A)/退出 (E)/放弃 (U)] <退出>： 回车

3）重复复制上方的圆。

> 命令：COPY
> 选择对象：找到 1 个
> 选择对象：找到 1 个，总计 2 个
> 选择对象：找到 1 个，总计 3 个　　　　　　　　选择左边的 3 个圆
> 选择对象： 回车
> 指定基点或 [位移 (D)/模式 (O)] <位移>： 捕捉左边第一个圆的圆心
> 指定位移的第二点或 [阵列 (A)] <用第一点作位移>：@10<60
> 指定位移的第二点 [阵列 (A)/退出 (E)/放弃 (U)] <退出>： 回车
> 命令：COPY
> 选择对象：找到 1 个
> 选择对象：找到 1 个，总计 2 个
> 选择对象：找到 1 个，总计 3 个　　　　　　　　选择左下角的 3 个圆
> 选择对象： 回车
> 指定基点或 [位移 (D)/模式 (O)] <位移>： 捕捉左下角圆的圆心
> 指定位移的第二点或 [阵列 (A)] <用第一点作位移>：@20<60
> 指定位移的第二点 [阵列 (A)/退出 (E)/放弃 (U)] <退出>： 回车

特别提醒：
1）复制对象时应充分利用各种选择对象的方法。
2）在确定位移时应充分利用诸如"对象捕捉"等精确绘图的辅助工具。
3）利用 Windows 剪贴板，可以在图形文件之间或内部进行对象复制。

【移动】 <move>

利用"移动"命令可以将一个或一组对象从一个位置移动到另一个位置。

【图例练习2】用"移动"工具绘图,如图5-2所示。

图5-2 用"移动"工具绘图

操作过程:单击"修改"面板上的"移动"工具。

```
命令:_move                                    "移动"命令
选择对象:找到1个                                  单击圆
选择对象:                                        回车
指定基点或位移:                              捕捉圆的左象限点
指定位移的第二点或 <用第一点作位移>:        捕捉椭圆的轴端 B 点
```

【标注】

一般说来,在进行尺寸标注之前,先要设定标注样式,但为了使大家对 AutoCAD 的尺寸标注有一个大致的了解,在这里,先给大家介绍一下如何进行尺寸标注。此时所作的尺寸标注使用了默认标注样式,即名称为"ISO-25"的标注样式。

1. 线性标注 <dimlinear>

线性尺寸是指两点之间的水平距离或垂直距离。

【图例练习3】用"线性"标注工具标注矩形的边长 AB 和 BC 的尺寸,如图5-3所示。

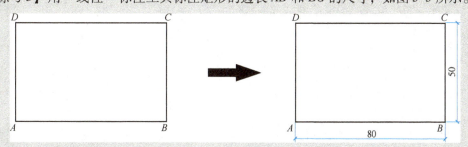

图5-3 对图形进行线性标注

操作过程:单击"注释"选项卡→"标注"面板→"标注"下拉菜单→"线性"工具。

```
命令:_dimlinear
指定第一条尺寸界线原点或 <选择对象>:              捕捉 A 点
指定第二条尺寸界线原点:                            捕捉 B 点
指定尺寸线位置或
[多行文字(M)/文字(T)/角度(A)/水平(H)/垂直(V)/旋转(R)]:
标注文字 = 80
命令:DIMLINEAR
指定第一条尺寸界线原点或 <选择对象>:              捕捉 B 点
```

> 指定第二条尺寸界线原点： 捕捉C点
> 指定尺寸线位置或
> [多行文字(M)/文字(T)/角度(A)/水平(H)/垂直(V)/旋转(R)]： 任意指定
> 标注文字=50

2. 对齐标注 < dimaligned >

对于倾斜的线性尺寸，可以通过对齐尺寸标注自动获取其大小并进行平行标注。

【图例练习4】用"对齐"标注工具标注三角形的尺寸，如图5-4所示。

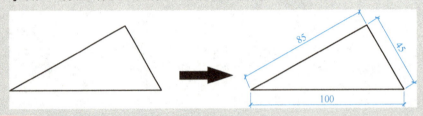

图5-4　对图形进行对齐标注

操作过程：

> 命令：_dimaligned
> 指定第一条尺寸界线原点或 <选择对象>： 捕捉三角形水平边的左端点
> 指定第二条尺寸界线原点： 捕捉三角形水平边的右端点
> 指定尺寸线位置或
> [多行文字(M)/文字(T)/角度(A)]： 任意指定
> 标注文字=100
> 命令：DIMALIGNED
> 指定第一条尺寸界线原点或 <选择对象>： 捕捉三角形左斜边的下端点
> 指定第二条尺寸界线原点： <正交 关> 捕捉三角形左斜边的上端点
> 指定尺寸线位置或
> [多行文字(M)/文字(T)/角度(A)]： 任意指定
> 标注文字=85
> 命令：DIMALIGNED
> 指定第一条尺寸界线原点或 <选择对象>： 捕捉三角形右斜边的下端点
> 指定第二条尺寸界线原点： 捕捉三角形右斜边的上端点
> 指定尺寸线位置或
> [多行文字(M)/文字(T)/角度(A)]： 任意指定
> 标注文字=45

3. 基线标注 < dimbaseline >

"基线"标注用于绘制基于同一条尺寸界线的一系列相关的平行标注，标注过程无须手动设置两条尺寸线之间的间隔。本命令适用于线性、对齐、坐标及角度标注类型的基线标注。

【图例练习5】用"基线"标注工具标注图形的尺寸,如图5-5所示。

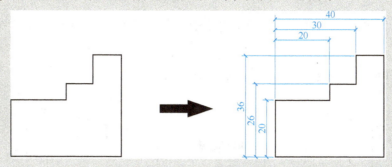

图5-5 对图形进行基线标注

操作过程:

命令:_dimlinear	
指定第一条尺寸界线原点或 <选择对象>:	捕捉左侧长度为20的水平线左端点
指定第二条尺寸界线原点:	捕捉左侧长度为20的水平线右端点
指定尺寸线位置或	
[多行文字(M)/文字(T)/角度(A)/水平(H)/垂直(V)/旋转(R)]:	任意指定
标注文字=20	
命令:_dimbaseline	
指定第二条尺寸界线原点或[放弃(U)/选择(S)] <选择>:	
	捕捉标注长度为30的水平线右端点
标注文字=30	
指定第二条尺寸界线原点或[放弃(U)/选择(S)] <选择>:	
	捕捉标注长度为40的水平线右端点
标注文字=40	
指定第二条尺寸界线原点或[放弃(U)/选择(S)] <选择>:	回车
命令:_dimlinear	
指定第一条尺寸界线原点或 <选择对象>:	捕捉左侧长度为20的竖直线下端点
指定第二条尺寸界线原点:	捕捉左侧长度为20的竖直线上端点
指定尺寸线位置或	
[多行文字(M)/文字(T)/角度(A)/水平(H)/垂直(V)/旋转(R)]:	任意指定
标注文字=20	
命令:_dimbaseline	
指定第二条尺寸界线原点或[放弃(U)/选择(S)] <选择>:	
	捕捉左侧标注长度为26的竖直线上端点
标注文字=26	
指定第二条尺寸界线原点或[放弃(U)/选择(S)] <选择>:	
	捕捉左侧标注长度为36的竖直线上端点
标注文字=36	
指定第二条尺寸界线原点或[放弃(U)/选择(S)] <选择>:	回车

4. 连续标注 < dimcontinue >

对于首尾相连、排成一排的连续尺寸，可以进行连续标注。本命令适用于线性、对齐、坐标及角度标注类型的连续标注。

【图例练习6】用"连续"标注工具标注图形的尺寸，如图5-6所示。

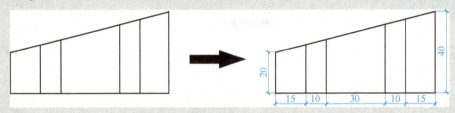

图5-6 连续标注尺寸

操作过程：

```
命令：_dimlinear
指定第一条尺寸界线原点或 <选择对象>：         捕捉左侧长度为20的竖直线下端点
指定第二条尺寸界线原点：                    捕捉左侧长度为20的竖直线上端点
指定尺寸线位置或
[多行文字（M）/文字（T）/角度（A）/水平（H）/垂直（V）/旋转（R）]：    任意指定
标注文字 =20

命令：_dimlinear
指定第一条尺寸界线原点或 <选择对象>：         捕捉右侧长度为40的竖直线下端点
指定第二条尺寸界线原点：                    捕捉右侧长度为40的竖直线上端点
指定尺寸线位置或
[多行文字（M）/文字（T）/角度（A）/水平（H）/垂直（V）/旋转（R）]：    任意指定
标注文字 =40

命令：_dimlinear
指定第一条尺寸界线原点或 <选择对象>：         捕捉标注长度为15的水平线左端点
指定第二条尺寸界线原点：                    捕捉标注长度为15的水平线右端点
指定尺寸线位置或
[多行文字（M）/文字（T）/角度（A）/水平（H）/垂直（V）/旋转（R）]：    任意指定
标注文字 =15

命令：_dimcontinue
指定第二条尺寸界线原点或［放弃（U）/选择（S）］<选择>：
                                         捕捉标注长度为10的水平线右端点
标注文字 =10
指定第二条尺寸界线原点或［放弃（U）/选择（S）］<选择>：
                                         捕捉标注长度为30的水平线右端点
标注文字 =30
指定第二条尺寸界线原点或［放弃（U）/选择（S）］<选择>：
                                         捕捉标注长度为10的水平线右端点
标注文字 =10
```

> 指定第二条尺寸界线原点或［放弃（U）/选择（S）］<选择>：
> 　　　　　　　　　　　　　　　　　　　　　　捕捉标注长度为 15 的水平线右端点
> 标注文字 = 15
> 指定第二条尺寸界线原点或［放弃（U）/选择（S）］<选择>：
> 选择连续标注：*取消*

5. 直径标注 < dimdiameter >

对于直径尺寸，可以通过"直径"标注命令直接进行标注，AutoCAD 自动增加直径符号"φ"。

【图例练习 7】用"直径"标注工具标注图形的尺寸，如图 5-7 所示。

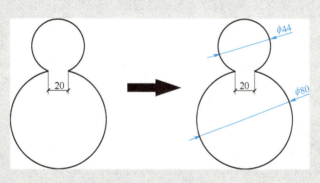

图 5-7　直径标注尺寸

操作过程：

> 命令：_dimdiameter
> 选择圆弧或圆：　　　　　　　　　　　　　　　　　　　　　　选择上部小圆弧
> 标注文字 = 44
> 指定尺寸线位置或［多行文字（M）/文字（T）/角度（A）］：　　任意指定
> 命令：DIMDIAMETER
> 选择圆弧或圆：　　　　　　　　　　　　　　　　　　　　　　选择下部大圆弧
> 标注文字 = 80
> 指定尺寸线位置或［多行文字（M）/文字（T）/角度（A）］：　　任意指定

6. 半径标注 < dimradius >

对于半径尺寸，AutoCAD 可以自动获取其半径大小进行标注，并且在数值前自动增加半径符号"R"，具体操作同直径标注。

7. 角度标注 < dimangular >

对于不平行的两条直线、圆弧或圆以及指定的三个点，AutoCAD 可以自动测量其角度并进行角度标注。

【图例练习8】用"角度"标注工具标注三角形的角度,如图5-8所示。

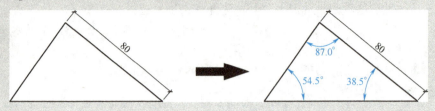

图5-8 角度标注尺寸

操作过程:

> 命令:_dimangular
> 选择圆弧、圆、直线或<指定顶点>:　　　　　　　　　　　　　　选择第一条边
> 选择第二条直线:　　　　　　　　　　　　　　　　　　　　　　选择第二条边
> 指定标注弧线位置或[多行文字(M)/文字(T)/角度(A)]:
> 　　　　　　　　　　　　　　　　　　　　　　　选择适当位置,单击鼠标左键
> 标注文字=38.5
> 命令:DIMANGULAR
> 选择圆弧、圆、直线或<指定顶点>:　　　　　　　　　　　　　　选择第一条边
> 选择第二条直线:　　　　　　　　　　　　　　　　　　　　　　选择第二条边
> 指定标注弧线位置或[多行文字(M)/文字(T)/角度(A)]:
> 　　　　　　　　　　　　　　　　　　　　　　　选择适当位置,单击鼠标左键
> 标注文字=87
> 命令:DIMANGULAR
> 选择圆弧、圆、直线或<指定顶点>:　　　　　　　　　　　　　　选择第一条边
> 选择第二条直线:　　　　　　　　　　　　　　　　　　　　　　选择第二条边
> 指定标注弧线位置或[多行文字(M)/文字(T)/角度(A)]:
> 　　　　　　　　　　　　　　　　　　　　　　　选择适当位置,单击鼠标左键
> 标注文字=54.5

8. 引线标注 <mleader>

在图形中经常需要对一些部分进行注释,这就需要绘制引线标注。引线标注一般由箭头、引线和文字组成。引线标注不用于测量尺寸。

【图例练习9】用"引线"和"公差"工具标注图形,如图5-9所示。

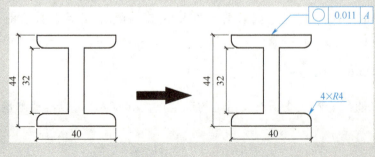

图5-9 用"引线"和"公差"工具标注图形

操作过程：在"引线"面板和"标注"面板上分别选取"多重引线"与"公差"工具，按照题意要求进行注释。

> 命令：_mleader   "多重引线"命令
> 指定引线箭头的位置或 [引线基线优先 (L)/内容优先 (C)/选项 (O)] <选项>：
> 指定引线基线的位置：   捕捉引线的基点，输入 4×R4，回车
> 命令：_mleader
> 指定引线箭头的位置或 [引线基线优先 (L)/内容优先 (C)/选项 (O)] <选项>：
> 指定引线基线的位置：   捕捉引线的基点，回车
> 单击"形位公差"，输入相关数据，回车。捕捉基线端点，点中引线箭头，修改大小

特别提醒：

1）标注组成要素：尺寸线、尺寸界线、尺寸起止符号（或称为尺寸箭头）、尺寸数字。

2）尺寸标注单位：图形对象的大小以尺寸数值所表示的大小为准。图上的尺寸单位，除标高及总平面图以 m 为单位外，均必须以 mm 为单位。

3）尺寸标注所用文字应符合文字注写要求，通常数字高不小于 2.5mm，中文字高应不小于 3.5mm；尺寸线和尺寸界线采用细实线，起止符号采用中实线，但半径、直径、角度与弧长的尺寸起止符号宜用箭头表示。

4）尺寸数字与图线重合时，必须将图线断开。当图线不便于断开时，应该调整尺寸标注的位置。尺寸标注应尽可能集中放置整齐，方便查找。放置时，小尺寸应离图样较近，大尺寸应离图样较远。

5）由于尺寸标注样式设定较为繁琐，应将设定好的标注样式保存到常用的样板文件中。

6）为尺寸标注建立专用的图层。建立专用的图层，可以控制尺寸的显示和隐藏，与其他的图线可以迅速分开，便于修改、预览。

7）为尺寸文本建立专门的文字样式。对照国家标准，应该设定好字符的高度、宽度系数、倾斜角度等。

8）按照制图标准创建尺寸标注样式，内容包括：直线和箭头、文字样式、调整对齐特性、单位、尺寸精度和比例因子等。

实 战 篇

【图例练习1】绘制石凳平面图并标注，如图 5-10 所示。

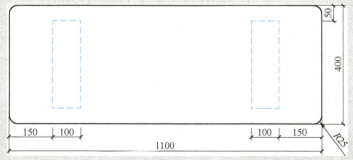

图 5-10　石凳平面图

操作过程： 用"直线"和"偏移"工具绘制图形线，用"倒圆角"工具进行修改，最后用"特性"面板对对象特性进行修改，改为虚线。

1. 绘制石凳平面图

1）用"直线"工具绘制外围长为 1100、宽为 400 的矩形。

2）用"偏移"工具绘制内部虚线图形。可先将矩形上、下边线分别向内部偏移 50，将矩形左、右边线分别向矩形内部偏移 150；然后绘出虚线图形。

3）用"修剪"工具对已绘图形进行处理，剪去多余部分。

4）对外围的直角矩形进行倒圆角，变为圆角矩形。

```
命令：_fillet                                              "倒圆角"命令
当前设置：模式 = 修剪，半径 = 0
选择第一个对象或 [多段线 (P)/半径 (R)/修剪 (T)/多个 (U)]：r  指定圆角半径
<0.0000 >：25
选择第一个对象或 [多段线 (P)/半径 (R)/修剪 (T)/多个 (U)]：    选择第一条边
选择第二个对象：                                            选择第二条边
```

其余各边进行类似的处理。

2. 标注石凳平面图

对照图 5-10，标注相应尺寸。

【图例练习 2】绘制石凳立面图并标注，如图 5-11 所示。

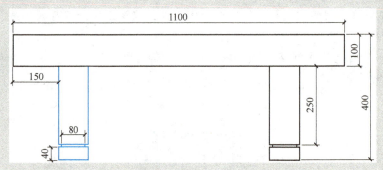

图 5-11　石凳立面图

操作过程： 本例主要采用"直线""复制""移动"等工具进行绘图。

1）绘制石凳立面图。

```
命令：_line
指定第一点：                                              在窗口任意指定第一点
指定下一点或 [放弃 (U)]：<正交 开> 1100                      回车
指定下一点或 [放弃 (U)]：100                               回车
指定下一点或 [闭合 (C)/放弃 (U)]：1100                      回车
指定下一点或 [闭合 (C)/放弃 (U)]：<对象捕捉 开>   c          回车
```

命令：_line
指定第一点：   捕捉矩形左下角点
指定下一点或 [放弃 (U)]：   打开正交，绘制长度为250的竖直线
指定下一点或 [放弃 (U)]：   回车
命令：_copy   "复制"命令
选择对象：找到1个
选择对象：   选择长度为250的竖直线
指定基点或 [位移 (D)/模式 (O)] <位移>：指定位移的第二点或 [阵列 (A)] <用第一点作位移>：@150, 0
指定位移的第二点或 [阵列 (A)/退出 (E)/放弃 (U)] <退出>：@250, 0
指定位移的第二点或 [阵列 (A)/退出 (E)/放弃 (U)] <退出>：@850, 0
指定位移的第二点或 [阵列 (A)/退出 (E)/放弃 (U)] <退出>：@950, 0
指定位移的第二点或 [阵列 (A)/退出 (E)/放弃 (U)] <退出>：   回车
指定位移的第二点：

命令：_erase   "删除"命令
选择对象：
指定对角点：找到1个   选择过矩形左下角点绘制的长度为250的竖直线
选择对象：   回车

命令：_line
指定第一点：   捕捉刚才复制的第一条长度为250的竖直线下端点
指定下一点或 [放弃 (U)]：   捕捉刚才复制的第二条长度为250的竖直线下端点
指定下一点或 [放弃 (U)]：   回车

命令：LINE
指定第一点：   捕捉刚才复制的第三条长度为250的竖直线下端点
指定下一点或 [放弃 (U)]：   捕捉刚才复制的第四条长度为250的竖直线下端点
指定下一点或 [放弃 (U)]：   回车

命令：_line
指定第一点：   打开正交，捕捉已复制的第一条长度为250的竖直线下端点
指定下一点或 [放弃 (U)]：   向下绘长度为10的竖直线
指定下一点或 [放弃 (U)]：   继续向下绘长度为40的竖直线
指定下一点或 [闭合 (C)/放弃 (U)]：   继续向右绘长度为100的水平线
指定下一点或 [闭合 (C)/放弃 (U)]：   继续向上绘长度为40的竖直线
指定下一点或 [闭合 (C)/放弃 (U)]：   捕捉刚才所绘长度为10的竖直线下端点
指定下一点或 [闭合 (C)/放弃 (U)]：   回车

命令：_move   "移动"命令
选择对象：找到1个   选择刚才所绘长度为10的竖直线
选择对象：   回车
指定基点或位移：   捕捉已绘长度为10的竖直线上端点
指定位移的第二点或 <用第一点作位移>：@1, 0

命令：_copy
选择对象：找到1个   选择刚才移动长度为10的竖直线

> 选择对象： 回车
> 指定基点或 [位移（D）/模式（O）]＜位移＞：指定位移的第二点或 [阵列（A）]＜用第一点作位移＞：@8，0
> 指定位移的第二点：＊取消＊
> 命令：_copy
> 选择对象：找到 1 个
> 选择对象：找到 1 个，总计 2 个
> 选择对象：指定对角点：找到 4 个，总计 6 个　　选择石凳左腿下方刚才所绘的 6 个对象
> 选择对象： 回车
> 指定基点或 [位移（D）/模式（O）]＜位移＞：
> 　　　　　　　　　　　　　　　　　捕捉石凳左腿左边一条长度为 250 的竖直线下端点
> 指定位移的第二点或 [阵列（A）]＜用第一点作位移＞：
> 　　　　　　　　　　　　　　　　　捕捉石凳右腿左边一条长度为 250 的竖直线下端点
> 指定位移的第二点：＊取消＊

2）标注石凳立面图。对照图 5-11，标注相应尺寸。

提 高 篇

【图例练习 1】绘制图 5-12 并标注。

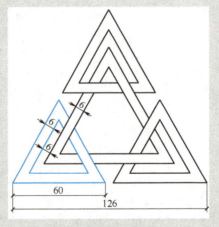

图 5-12　绘制几何图形（一）

操作过程：

1. 绘制图形

1）用"正多边形"工具绘制正三角形。

> 命令：_polygon
> 输入侧面数：3

指定正多边形的中心点或 [边 (E)]：e
  指定边的第一个端点：   按题意指定
  指定边的第二个端点：   按题意指定
  ＜正交 开＞60

2）偏移正三角形。

  命令：_offset
  指定偏移距离或 [通过 (T)/删除 (E)/图层 (L)] ＜20.0000＞：6
  选择要偏移的对象或 [退出 (E)/放弃 (U)] ＜退出＞： 选择所绘正三角形
  指定点以确定偏移所在一侧，或 [退出 (E)/多个 (M)/放弃 (U)] ＜退出＞：
             在所绘正三角形的内部任意位置单击鼠标左键
  选择要偏移的对象或 [退出 (E)/放弃 (U)] ＜退出＞：*取消*
  命令：_offset
  指定偏移距离或 [通过 (T)/删除 (E)/图层 (L)] ＜6.0000＞：
  选择要偏移的对象或 [退出 (E)/放弃 (U)] ＜退出＞： 选择刚偏移得到的正三角形
  指定点以确定偏移所在一侧，或 [退出 (E)/多个 (M)/放弃 (U)] ＜退出＞：
             在刚偏移得到的正三角形的内部任意位置单击鼠标左键
  选择要偏移的对象或 [退出 (E)/放弃 (U)] ＜退出＞：*取消*

3）用"正交"和"极坐标"复制已绘好的正三角形。

  命令：_copy   "复制"命令
  选择对象：   选择绘制好的3个正三角形
  指定对角点：找到 3 个
  选择对象：   回车
  指定基点或 [位移 (D)/模式 (O)]：   捕捉已绘边长60的正三角形左端点
  指定位移的第二点或 [阵列 (A)] ＜用第一点作位移＞：
                  利用"正交"输入长度66，回车
  指定位移的第二点或 [阵列 (A)/退出 (E)/放弃 (U)] ＜退出＞：@66＜60
  指定位移的第二点或 [阵列 (A)/退出 (E)/放弃 (U)] ＜退出＞：*取消*

4）绘制正三角形。

  命令：_polygon
  输入侧面数：3
  指定正多边形的中心点或 [边 (E)]：e
  指定边的第一个端点：   捕捉左边最小正三角形底边左端点
  指定边的第二个端点：   捕捉右边最小正三角形底边右端点
  命令：_erase
  找到 3 个小正三角形   删除已绘的3个最小正三角形
  命令：_offset
  指定偏移距离或 [通过 (T)/删除 (E)/图层 (L)] ＜6.0000＞：

> 选择要偏移的对象或 [退出（E）/放弃（U）] <退出>：
> 　　　　　　　　　　选择通过最小正三角形底边左、右端点所绘制的正三角形
> 指定点以确定偏移所在一侧，或 [退出（E）/多个（M）/放弃（U）] <退出>：
> 　　　　　　　　　　在此正三角形的内部任意位置单击鼠标左键
> 选择要偏移的对象或 [退出（E）/放弃（U）] <退出>：　　　　回车
> 命令：_trim
> 当前设置：投影＝UCS，边＝延伸
> 选择剪切边…
> 选择对象或 <全部选择>：　　　　　　　　　　　　　　选择整个图形
> 指定对角点：找到 8 个
> 选择对象：　　　　　　　　　　　　　　　　　　　　　　　回车
> 选择要修剪的对象，或按住\Shift\键选择要延伸的对象，或 [栏选（F）/窗交（C）/投影（P）/边（E）/放弃（U）]：　　　　　　　　对照图 5-12，剪去多余部分的对象

2. 标注图形

参照图 5-12，标注相应尺寸。

【图例练习 2】绘制图 5-13 并标注。

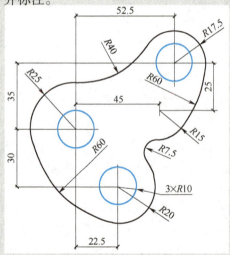

图 5-13　绘制几何图形（二）

操作过程： 本例的关键是确定四个圆心的位置，用相对坐标进行复制，结合"圆"工具的应用，通过修剪完成图形绘制任务。

1. 绘制图形

1）绘制半径为 10 的圆。

> 命令：_circle
> 指定圆的圆心或 [三点（3P）/两点（2P）/切点、切点、半径（T）]：在窗口任意指定圆心
> 指定圆的半径或 [直径（D）]：10　　　　　　　　　　　　　回车

2）用相对坐标复制3个圆。

命令：_copy
选择对象：指定对角点：找到1个
选择对象： 回车
指定基点或［位移（D）/模式（O）］： 捕捉所绘圆的圆心
指定位移的第二点或［阵列（A）］<用第一点作位移>：@-22.5,30 回车
指定位移的第二点或［阵列（A）/退出（E）/放弃（U）］<退出>：@30,65 回车
指定位移的第二点或［阵列（A）/退出（E）/放弃（U）］<退出>：@22.5,40 回车
指定位移的第二点或［阵列（A）/退出（E）/放弃（U）］<退出>： 回车

3）绘制半径分别为20、25、17.5、15的4个圆。

命令：_circle
指定圆的圆心或［三点（3P）/两点（2P）/切点、切点、半径（T）］：
　　　　　　　　　　　　　　　　　　　　　　　按照已绘4个圆的次序，分别捕捉其圆心
指定圆的半径或［直径（D）］<10.0000>：20 回车
命令：CIRCLE
指定圆的圆心或［三点（3P）/两点（2P）/切点、切点、半径（T）］：
　　　　　　　　　　　　　　　　　　　　　　　按照已绘4个圆的次序，分别捕捉其圆心
指定圆的半径或［直径（D）］<20.0000>：25 回车
命令：CIRCLE
指定圆的圆心或［三点（3P）/两点（2P）/切点、切点、半径（T）］：
　　　　　　　　　　　　　　　　　　　　　　　按照已绘4个圆的次序，分别捕捉其圆心
指定圆的半径或［直径（D）］<25.0000>：17.5 回车
命令：_circle
指定圆的圆心或［三点（3P）/两点（2P）/切点、切点、半径（T）］：
　　　　　　　　　　　　　　　　　　　　　　　按照已绘4个圆的次序，分别捕捉其圆心
指定圆的半径或［直径（D）］<60.0000>：15 回车
命令：_erase：找到1个 选择半径10的4个圆中最后绘制的一个圆，回车

4）绘制半径分别为60、40、60、7.5圆弧的4个圆。

命令：CIRCLE
指定圆的圆心或［三点（3P）/两点（2P）/切点、切点、半径（T）］：t
指定对象与圆的第一个切点： 捕捉半径为20的圆切点
指定对象与圆的第二个切点： 捕捉半径为25的圆切点
指定圆的半径 <17.5000>：60 回车
命令：CIRCLE
指定圆的圆心或［三点（3P）/两点（2P）/切点、切点、半径（T）］：t
指定对象与圆的第一个切点： 捕捉半径为25的圆切点
指定对象与圆的第二个切点： 捕捉半径为17.5的圆切点

指定圆的半径 <60.0000>：40　　　　　　　　　　　　　　　　　　　　　回车

命令：_circle

指定圆的圆心或 [三点 (3P)/两点 (2P)/切点、切点、半径 (T)]：t

指定对象与圆的第一个切点：　　　　　　　　　　　　　捕捉半径为 17.5 的圆切点

指定对象与圆的第二个切点：　　　　　　　　　　　　　捕捉半径为 15 的圆切点

指定圆的半径 <15.0000>：60　　　　　　　　　　　　　　　　　　　　　回车

命令：CIRCLE

指定圆的圆心或 [三点 (3P)/两点 (2P)/切点、切点、半径 (T)]：t

指定对象与圆的第一个切点：　　　　　　　　　　　　　捕捉半径为 15 的圆切点

指定对象与圆的第二个切点：　　　　　　　　　　　　　捕捉半径为 20 的圆切点

指定圆的半径 <60.0000>：7.5　　　　　　　　　　　　　　　　　　　　　回车

5）用"修剪"工具剪去多余的圆弧。

命令：_trim　　　　　　　　　　　　　　　　　　　　　　　　　　"修剪"命令

当前设置：投影=UCS，边=延伸

选择剪切边…

选择对象或 <全部选择>：找到 1 个

选择对象：找到 1 个，总计 2 个

选择对象：找到 1 个，总计 3 个

选择对象：找到 1 个，总计 4 个　　　　选择半径分别为 20、25、17.5、15 的 4 个圆

选择对象：　　　　　　　　　　　　　　　　　　　　　　　　　　　　　回车

选择要修剪的对象，或按住\Shift\键选择要延伸的对象，或 [栏选 (F)/窗交 (C)/投影 (P)/边 (E)/放弃 (U)]：　　　　　　　　　　　　　对照图 5-13，剪去多余部分的对象

选择要修剪的对象，或按住\Shift\键选择要延伸的对象，或 [栏选 (F)/窗交 (C)/投影 (P)/边 (E)/放弃 (U)]：　　　　　　　　　　　　　　　　　　　　　　　　回车

命令：TRIM

当前设置：投影=UCS，边=延伸

选择剪切边…

选择对象或 <全部选择>：找到 1 个

选择对象：找到 1 个，总计 2 个　　　　　　　　　　　选择半径分别为 60、7.5 的圆

选择对象：　　　　　　　　　　　　　　　　　　　　　　　　　　　　　回车

选择要修剪的对象，或按住 Shift 键选择要延伸的对象，或 [栏选 (F)/窗交 (C)/投影 (P)/边 (E)/放弃 (U)]：　　　　　　　　　　　　　对照图 5-13，剪去多余部分的对象

选择要修剪的对象，或按住 Shift 键选择要延伸的对象，或 [栏选 (F)/窗交 (C)/投影 (P)/边 (E)/放弃 (U)]：　　　　　　　　　　　　　　　　　　　　　　　　回车

命令：TRIM

当前设置：投影=UCS，边=延伸

选择剪切边…

选择对象或 <全部选择>：找到 1 个

选择对象：找到 1 个，总计 2 个　　　　　　　　　选择半径分别为 15、20 的圆

选择对象：　　　　　　　　　　　　　　　　　　　　　　　　　　　　回车

选择要修剪的对象，或按住 Shift 键选择要延伸的对象，或 [栏选（F）/窗交（C）/投影（P）/边（E）/放弃（U）]：

　　　　　　　　　　　　　　　　　　　　　　　　对照图 5-13，剪去多余部分的对象

选择要修剪的对象，或按住 Shift 键选择要延伸的对象，或 [栏选（F）/窗交（C）/投影（P）/边（E）/放弃（U）]：　　　　　　　　　　　　　　　　　　　　　　　　回车

命令：TRIM

当前设置：投影 = UCS，边 = 延伸

选择剪切边…

选择对象或 <全部选择>：找到 1 个

选择对象：找到 1 个，总计 2 个

选择对象：找到 1 个，总计 3 个

选择对象：找到 1 个，总计 4 个　　　　选择半径分别为 60、40、60 和 7.5 的圆

选择对象：　　　　　　　　　　　　　　　　　　　　　　　　　　　　回车

选择要修剪的对象，或按住 Shift 键选择要延伸的对象，或 [栏选（F）/窗交（C）/投影（P）/边（E）/放弃（U）]：

　　　　　　　　　　　　　　　　　　　　　　　　对照图 5-13，剪去多余部分的对象

选择要修剪的对象，或按住 Shift 键选择要延伸的对象，或 [栏选（F）/窗交（C）/投影（P）/边（E）/放弃（U）]：　　　　　　　　　　　　　　　　　　　　　　　　回车

2. 标注图形

参照图 5-13，标注相应尺寸。

思 考 题

1. 尺寸标注有哪些组成要素？
2. 园林制图的标注规则主要有哪些？
3. 为什么尺寸标注图层要与其他图层分开？
4. 尺寸标注有哪些类型？它们各有什么特点？
5. 连续标注适用于哪些种类的标注？
6. 快速引线标注的文字高度是否可以通过更改标注样式而更改？
7. 快速引线标注时，如何使用两个箭头指向同一文字？
8. 什么是快速标注尺寸？使用步骤有哪些？
9. 如何设置尺寸标注样式？园林制图的标注样式应如何设置？
10. 按图 5-14 所示尺寸绘制并标注图形。
11. 按图 5-15 所示尺寸绘制并标注图形。

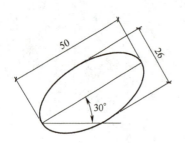
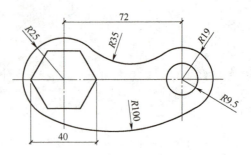

图 5-14　绘制并标注图形（一）　　　　图 5-15　绘制并标注图形（二）

12. 按图 5-16 所示尺寸绘制并标注图形。

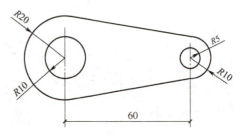

图 5-16　绘制并标注图形（三）

13. 按图 5-17 所示尺寸绘制并标注图形。

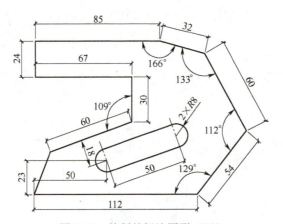

图 5-17　绘制并标注图形（四）

项目六 绘制庭院灯平面图和立面图

 学习目标

1. 熟练运用"复制""移动""标注"等已学工具进行绘图。
2. 掌握"阵列""拉伸""分解""特性匹配""图层"等新工具的运用。
3. 把握"阵列""拉伸""图层"等工具的使用注意事项。
4. 学会庭院灯平面图和立面图的绘制。

 学习难点

掌握图层的实际应用。

知 识 篇

【阵列】 <array>

【图例练习1】用"阵列"工具绘制图6-1并标注。

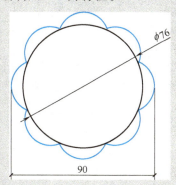

图6-1 用"阵列"工具绘图并标注

操作过程： 本例可先绘好一个圆弧，然后通过"环形阵列"生成8个圆弧。

1）绘制直径为76的圆。

```
命令：_circle
指定圆的圆心或 [三点 (3P)/两点 (2P)/切点、切点、半径 (T)]：在窗口任意指定圆心
指定圆的半径或 [直径 (D)]：38                                            回车
```

2)绘制过圆心的辅助直线,以方便之后的"阵列"。

命令:_line	
指定第一点:	捕捉圆心
指定下一点或[放弃(U)]:<正交 开>45	绘制长度为45的垂直线
指定下一点或[放弃(U)]:	回车
命令:LINE	
指定第一点:	捕捉圆心
指定下一点或[放弃(U)]:<正交 关>@45<67.5	
指定下一点或[放弃(U)]:	回车
命令:_mirror	"镜像"命令
选择对象:找到1个	
选择对象:	回车
指定镜像线的第一点:指定镜像线的第二点:	
是否删除源对象?[是(Y)/否(N)]<N>:	回车

3)绘制圆弧,如图6-2所示。

图6-2 绘制圆弧

命令:_arc	"圆弧"命令
指定圆弧的起点或[圆心(C)]:	捕捉@45<67.5线与直径76圆的交点
指定圆弧的第二个点或[圆心(C)/端点(E)]:	捕捉已绘长45垂直线的上端点
指定圆弧的端点:	
命令:_erase	"删除"命令
选择对象:找到1个	选择已绘的@45<67.5线
选择对象:找到1个,总计2个	选择已绘的长45垂直线
选择对象:找到1个,总计3个	选择已绘@45<67.5线的镜像后对象
选择对象:	回车

4)在此基础上,单击"修改"面板→"阵列"工具,选中"环形"阵列,单击"选择对象",选择圆弧,再单击中心点按钮,选择圆心,在项目总数栏填入8,填充角度填入360,然后回车即可。

| 命令:_array | |
| 选择对象:找到1个 | |

选择对象：
类型＝极轴　关联＝是
指定阵列的中心点或［基点（B）/旋转轴（A）］：
选择夹点以编辑阵列或［关联（AS）/基点（B）/项目（I）/项目间角度（A）/填充角度（F）/行（ROW）/层（L）/旋转项目（ROT）/退出（X）］＜退出＞：i
输入阵列中的项目数或［表达式（E）］＜6＞：8
选择夹点以编辑阵列或［关联（AS）/基点（B）/项目（I）/项目间角度（A）/填充角度（F）/行（ROW）/层（L）/旋转项目（ROT）/退出（X）］＜退出＞：f
指定填充角度（＋＝逆时针、－＝顺时针）或［表达式（EX）］＜360＞：360
选择夹点以编辑阵列或［关联（AS）/基点（B）/项目（I）/项目间角度（A）/填充角度（F）/行（ROW）/层（L）/旋转项目（ROT）/退出（X）］＜退出＞：　　　　　回车

5) 参照图6-1，标注相应尺寸。

【图例练习2】用"阵列"工具绘制矩形香樟园平面图，行株距为17×15，如图6-3所示。

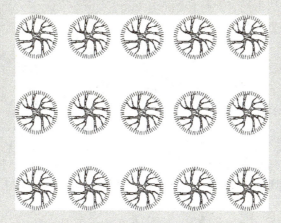

图6-3　矩形阵列绘图

操作过程：

命令：_array　　　　　　　　　　　　　　　　　　　假设香樟图案直径10
选择对象：找到1个　　　　　　　　　　　　　　　　　选择香樟图案
选择对象：输入阵列类型［矩形（R）/路径（PA）/极轴（PO）］＜矩形＞：　　回车
类型＝矩形　关联＝是
选择夹点以编辑阵列或［关联（AS）/基点（B）/计数（COU）/间距（S）/列数（COL）/行数（R）/层数（L）/退出（X）］＜退出＞：col
输入列数数或［表达式（E）］＜4＞：5
指定列数之间的距离或［总计（T）/表达式（E）］＜10.0000＞：15
选择夹点以编辑阵列或［关联（AS）/基点（B）/计数（COU）/间距（S）/列数（COL）/行数（R）/层数（L）/退出（X）］＜退出＞：r
输入行数数或［表达式（E）］＜3＞：　　　　　　　　　　　　　　　　　　回车
指定行数之间的距离或［总计（T）/表达式（E）］＜10.0000＞：17
指定行数之间的标高增量或［表达式（E）］＜0.0000＞：　　　　　　　　　回车

> 选择夹点以编辑阵列或 [关联 (AS) /基点 (B) /计数 (COU) /间距 (S) /列数 (COL) /行数 (R) /层数 (L) /退出 (X)] <退出>:　　　　　　　　　　　　　　　　　　回车

【拉伸】 < stretch >

【图例练习3】在图6-4中用"拉伸"工具将左图绘制成右图。

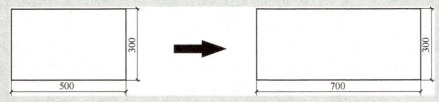

图6-4　拉伸图形

操作过程：

> 命令：_stretch　　　　　　　　　　　　　　　　　　　　　"拉伸"命令
> 以交叉窗口或交叉多边形选择要拉伸的对象…：　　　　从右向左进行窗口选择
> 选择对象：指定对角点：找到 3 个
> 选择对象：　　　　　　　　　　　　　　　　　　　　　　　　　　回车
> 指定基点或位移：　　　　　　　　　　　　　　　　　　　　　　　回车
> 指定位移的第二个点或 <用第一个点作位移>：200　　　　　　　　 回车

特别提醒：
1）"拉伸"一般只能采用自右向左的交叉窗口或交叉多边形的方式来选择对象。
2）拉伸对象往往是图形的端点或整个图形，对样条曲线也可拉伸其节点。

【分解】 < explode >

【图例练习4】在图6-5中，将左图分解成右图，并进行效果比较。

图6-5　分解图形

> 命令：_explode
> 选择对象：　　　　　　　　　　　　　　　　　　　　　　选择要分解的矩形
> 选择对象：找到 1 个
> 选择对象：　　　　　　　　　　　　　　　　　　　　　　　　　　回车

　　多段线、多线、块、尺寸、填充图案等是一个整体，如果要对其中单一的对象进行编辑，普通的编辑命令无法完成，通过专用的编辑命令有时也难以满足要求。但如果将这些整体的对象分解，使之变成单独的对象，就可以采用普通的编辑命令进行编辑修改了。

特别提醒：

1) 可分解的对象包括块、尺寸、多线、多段线等，而独立的直线、圆、圆弧、文字、点等是不能被分解的。

2) 如果要对矩形、多线、块、尺寸标注、多段线等进行特殊的编辑，必须预先将它们分解。

【特性匹配】 ＜matchprop＞

【图例练习5】在图6-6中，将左图中矩形的特性复制到圆上，结果如右图所示。

图6-6　特性匹配

操作过程：

```
命令：_matchprop                                            "特性匹配"命令
选择源对象：                                                点取左图中的矩形
当前活动设置：颜色 图层 线型 线型比例 线宽 厚度 打印样式 文字 标注 填充图案
多段线 视口 表格                                            提示当前源对象可供复制的特性
选择目标对象或 [设置 (S)]：                                 可以选择圆或多个目标对象，如图6-7所示
选择目标对象或 [设置 (S)]：                                 回车
```

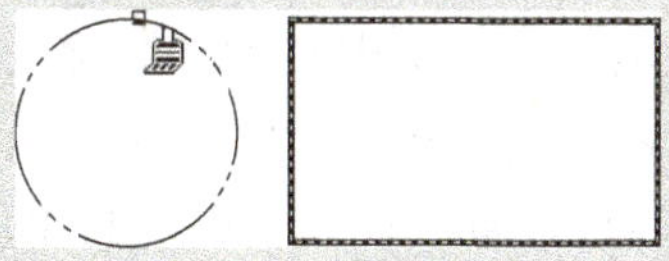

图6-7　选择目标对象

【图层】

在 AutoCAD 中，每个图层可以看成是一张"透明纸"，我们可以在不同的"透明纸"上绘图。多个图层叠加在一起，就形成最后的图形。

例如，设计一个广场，包含了广场平面、给排水平面、植物布置平面等，它们有各自的设计图，绘制完成后最终合在一起。将广场平面图、给排水平面图、植物布置平面图放置在不同的图层上，在需要时就可以方便地将它们合在一起或单独分开。

图层有一些特殊的性质。例如，可以设定该图层是否显示、是否允许编辑、是否输出等。如果要改变植物对象的颜色，可以将其他图层关闭，仅仅打开植物布置平面图层，一次选定所有的对象进行修改。这样做显然比在大量的对象中一个个将植物对象挑选出来轻松得多。在图层中可以设定其颜色、线型、线宽，只要图线的相关特性设定成"ByLayer"，图线都将具有所属图层的特性，因此用图层来管理图形十分有效。

单击"图层"面板→"图层特性"按钮，弹出"图层特性管理器"对话框，如图6-8所示，包含以下重要的内容。

1) 新建：新建一个图层。新建的图层自动增加在被选中的图层下面，并且新建的图层自动继承该图层的特性，如颜色、线型等。图层的名称可以修改成具有一定意义的名称。

2) 删除：删除指定的图层。要删除的图层上必须无实体，否则将不能删除。另外，0 图层是不可删除的。

图6-8 图层特性管理器

3）当前：指定所选图层为当前图层。

4）当前图层：提示当前图层的名称。

5）列表显示区：显示文件中各图层的名称和特性。

6）名称：显示图层名。可以选择图层名，然后单击鼠标左键并输入新图层名。

7）开|关：打开或关闭图层。当图层打开时，它是可见的，并且可以进行打印。当图层关闭时，它是不可见的，并且不能进行打印。

8）在所有视口冻结/解冻：被冻结的图层是不可见的，不能进行重生成或打印。被解冻的图层是可见的，可以进行重生成或打印。冻结图层可以加快许多操作的运行速度并减少复杂图形的重生成时间。

9）锁定|解锁：锁定或解锁图层。被锁定图层中的对象将不能编辑。如果只想查看某图层信息而不需要编辑图层中的对象，将该图层锁定是最好的方法。

10）颜色：改变与选定图层相关联的颜色。单击"颜色名称"，将显示"选择颜色"对话框。

11）线型：改变与选定图层相关联的线型。单击"线型名称"，将显示"选择线型"对话框。

12）线宽：改变与选定图层相关联的线宽。单击"线宽名称"，将显示"线宽"对话框。

13）打印/不打印：控制选定图层是否可打印。即使关闭了图层的打印，该图层上的对象仍会显示出来。

绘图时若需要对多个图层进行修改，可以按<Shift>键或<Ctrl>键一次选择多个图层来完成。

实 战 篇

【图例练习1】绘制庭院灯平面图并标注，如图6-9所示。

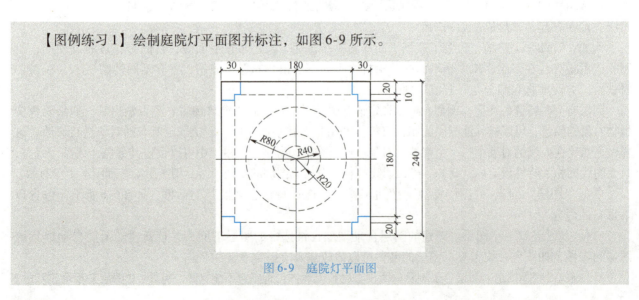

图6-9 庭院灯平面图

操作过程：

1. 建立相关图层

图层的建立如图 6-10 所示。

图 6-10　建立图层

2. 绘制中心对称线

命令：_line
指定第一点： 在窗口上任意指定一点
指定下一点或 [放弃 (U)]：<极轴 开>400 绘制长度为 400 的水平线
指定下一点或 [放弃 (U)]： 回车
命令：LINE
指定第一点：<对象捕捉追踪 开> 捕捉中点并向下追踪一点
指定下一点或 [放弃 (U)]：400 绘制与长度为 400 的水平线相交的垂直线
指定下一点或 [放弃 (U)]： 回车

3. 绘制图形

1）绘制 3 个同心圆。

命令：_circle
指定圆的圆心或 [三点 (3P)/两点 (2P)/切点、切点、半径 (T)]： 捕捉十字线的交点
指定圆的半径或 [直径 (D)]：20
命令：CIRCLE
指定圆的圆心或 [三点 (3P)/两点 (2P)/切点、切点、半径 (T)]：捕捉刚绘制圆的圆心
指定圆的半径或 [直径 (D)] <20.0000>：40
命令：CIRCLE
指定圆的圆心或 [三点 (3P)/两点 (2P)/切点、切点、半径 (T)]：捕捉刚绘制圆的圆心
指定圆的半径或 [直径 (D)] <40.0000>：80

2）绘制正方形。用"正多边形"工具绘制正方形，再用"偏移"工具得到另一正方形。

```
命令：_polygon
输入侧面数 <4>：                                              回车
指定正多边形的中心点或［边（E）］：                          捕捉十字线的交点
输入选项［内接于圆（I）/外切于圆（C）］<I>：c                回车
指定圆的半径：120                                            回车
命令：_offset                                                "偏移"命令
指定偏移距离或［通过（T）/删除（E）/图层（L）］：20
选择要偏移的对象或［退出（E）/放弃（U）］<退出>：          选择所绘的正方形
指定点以确定偏移所在一侧，或［退出（E）/多个（M）/放弃（U）］<退出>：
                                                           在所绘正方形的内部任意位置单击鼠标左键
选择要偏移的对象或［退出（E）/放弃（U）］<退出>：          回车
命令：_line
指定第一点：                                                 捕捉内部小正方形的左下角点
指定下一点或［放弃（U）］：                                   绘制长度为20的水平线
指定下一点或［放弃（U）］：                                   回车
命令：LINE
指定第一点：                                                 捕捉内部小正方形的左下角点
指定下一点或［放弃（U）］：                                   绘制长度为20的垂直线
指定下一点或［放弃（U）］：                                   回车
命令：_move                                                  "移动"命令
选择对象：找到1个                                            选择刚绘长度为20的水平线
选择对象：                                                   回车
指定基点或位移：                                             捕捉内部小正方形的左下角点
指定位移的第二点或<用第一点作位移>：                        打开"正交"，垂直方向输入10，并回车
命令：MOVE
选择对象：找到1个                                            选择刚绘长度为20的垂直线
选择对象：                                                   回车
指定基点或位移：                                             捕捉内部小正方形的左下角点
指定位移的第二点或<用第一点作位移>：                        打开正交，水平方向输入10，并回车
```

3）用"阵列"工具复制对象。

```
命令：_array                                                 "阵列"命令
选择对象：找到1个
选择对象：找到1个，总计2个                                  选择刚绘制好的长度20的两条线
选择对象：                                                   回车
类型=极轴  关联=是
指定阵列的中心点或［基点（B）/旋转轴（A）］：               捕捉圆心
选择夹点以编辑阵列或［关联（AS）/基点（B）/项目（I）/项目间角度（A）/填充角度
（F）/行（ROW）/层（L）/旋转项目（ROT）/退出（X）］<退出>：i
```

> 输入阵列中的项目数或 [表达式 (E)] <6>：4
> 选择夹点以编辑阵列或 [关联 (AS)/基点 (B)/项目 (I)/项目间角度 (A)/填充角度 (F)/行 (ROW)/层 (L)/旋转项目 (ROT)/退出 (X)] <退出>：f
> 指定填充角度 (+ =逆时针、 - =顺时针) 或 [表达式 (EX)] <360>： 回车
> 选择夹点以编辑阵列或 [关联 (AS)/基点 (B)/项目 (I)/项目间角度 (A)/填充角度 (F)/行 (ROW)/层 (L)/旋转项目 (ROT)/退出 (X)] <退出>： 回车

4) 调整对象特性。根据原图需要，加载虚线的线型和线宽等，选择内部 3 个圆、中心线和小正方形，单击需要的线型和线宽后，回车。

选中中心线，激活夹点，调整中心线长度。

> ** 拉伸 **
> 指定拉伸点或 [基点 (B)/复制 (C)/放弃 (U)/退出 (X)]：
> 　　　　　　　　　　　　　　　　　　　　适当拉长或缩短中心线长度
> ** 拉伸 **
> 指定拉伸点或 [基点 (B)/复制 (C)/放弃 (U)/退出 (X)]：
> 　　　　　　　　　　　　　　　　　　　　适当拉长或缩短中心线长度
> ** 拉伸 **
> 指定拉伸点或 [基点 (B)/复制 (C)/放弃 (U)/退出 (X)]： 回车

4. 标注尺寸

参照图 6-9，对图 6-11 进行标注。

【图例练习 2】绘制庭院灯立面图并标注，如图 6-12 所示。

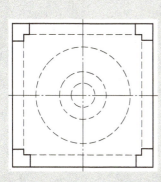

图 6-11　庭院灯平面图

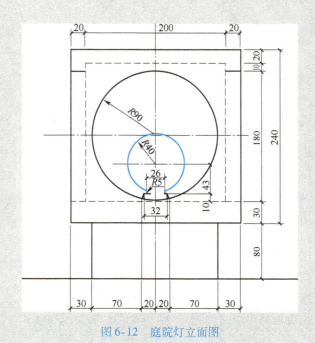

图 6-12　庭院灯立面图

操作过程：

1. 建立相关图层

图层的建立同【图例练习1】。

2. 绘制中心对称线

```
命令：_line
指定第一点：                                          在窗口上任意指定一点
指定下一点或［放弃（U）］：<极轴 开> 400
指定下一点或［放弃（U）］：                                        回车
命令：LINE
指定第一点：<对象捕捉追踪 开>                        捕捉中点并向下追踪一点
指定下一点或［放弃（U）］：400
指定下一点或［放弃（U）］：                                        回车
```

3. 绘制图形

1）用"正多边形"工具绘制正方形，用"圆"工具绘制半径为90的圆等，绘制结果如图6-13所示。

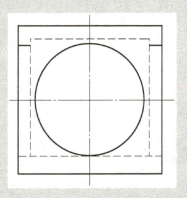

图6-13 绘制庭院灯立面图（一）

```
命令：_polygon                                           "正多边形"命令
输入侧面数 <4>：<对象捕捉 开>                                     回车
指定正多边形的中心点或［边（E）］：                       捕捉十字线中心点
输入选项［内接于圆（I）/外切于圆（C）］<I>：c                     回车
指定圆的半径：120                                                 回车
命令：_circle
指定圆的圆心或［三点（3P）/两点（2P）/切点、切点、半径（T）］：捕捉十字线中心点
指定圆的半径或［直径（D）］：90
命令：_offset                                              "偏移"命令
指定偏移距离或［通过（T）/删除（E）/图层（L）］：20
选择要偏移的对象或［退出（E）/放弃（U）］<退出>：             选择正方形
```

指定点以确定偏移所在一侧，或[退出(E)/多个(M)/放弃(U)]<退出>：
在正方形内部的任意位置单击鼠标左键
选择要偏移的对象或[退出(E)/放弃(U)]<退出>：*取消*
命令：_explode   "分解"命令
选择对象：找到1个   选择偏移得到的正方形
选择对象：   回车
命令：_move   "移动"命令
选择对象：找到1个   选择已分解正方形的下边
选择对象：   回车
指定基点或位移：   捕捉已分解正方形的左下角点
指定位移的第二点或<用第一点作位移>：   打开"正交"，向上移动10，并回车
命令：_trim   "修剪"命令
当前设置：投影=UCS，边=延伸
选择剪切边…
选择对象或<全部选择>：找到1个   选择已分解正方形的下边
选择对象：   回车
选择要修剪的对象，或按住Shift键选择要延伸的对象，或[栏选(F)/窗交(C)/投影(P)/边(E)/删除(R)/放弃(U)]：   单击已分解正方形的左边多余部分
选择要修剪的对象，或按住Shift键选择要延伸的对象，或[栏选(F)/窗交(C)/投影(P)/边(E)/删除(R)/放弃(U)]：   单击已分解正方形的右边多余部分
选择要修剪的对象，或按住Shift键选择要延伸的对象，或[栏选(F)/窗交(C)/投影(P)/边(E)/删除(R)/放弃(U)]：   回车
命令：_extend   "延伸"命令
当前设置：投影=UCS，边=延伸
选择边界的边…
选择对象：找到1个   选择已分解正方形的下边
选择对象：   回车
选择要延伸的对象，或按住Shift键选择要修剪的对象，或[栏选(F)/窗交(C)/投影(P)/边(E)/放弃(U)]：   单击已分解正方形下边的左端
选择要延伸的对象，或按住Shift键选择要修剪的对象，或[栏选(F)/窗交(C)/投影(P)/边(E)/放弃(U)]：   单击已分解正方形下边的右端
选择要延伸的对象，或按住Shift键选择要修剪的对象，或[栏选(F)/窗交(C)/投影(P)/边(E)/放弃(U)]：*取消*
命令：_line
指定第一点：   捕捉已分解正方形的左上角点
指定下一点或[放弃(U)]：   打开正交，向左绘制长度为20的直线
指定下一点或[放弃(U)]：   回车
命令：LINE
指定第一点：   捕捉已分解正方形的右上角点
指定下一点或[放弃(U)]：   打开正交，向右绘制长度为20的直线
指定下一点或[放弃(U)]：   回车

```
命令：_move
选择对象：找到1个
选择对象：找到1个，总计2个                    选择刚绘的2条长度为20的水平线
选择对象：                                                    回车
指定基点或位移：                              捕捉已分解正方形的右上角点
指定位移的第二点或<用第一点作位移>：         打开正交，向下移动10，并回车
```

2）绘制灯座基部。

```
命令：_offset
指定偏移距离或［通过（T）/删除（E）/图层（L）］<20.0000>：10
选择要偏移的对象或［退出（E）/放弃（U）］<退出>：    选择已分解正方形的下边
指定点以确定偏移所在一侧，或［退出（E）/多个（M）/放弃（U）］<退出>：
                              在已分解正方形下边的上方任意位置单击鼠标左键
选择要偏移的对象或［退出（E）/放弃（U）］<退出>：              回车
命令：OFFSET
指定偏移距离或［通过（T）/删除（E）/图层（L）］<10.0000>：16
选择要偏移的对象或［退出（E）/放弃（U）］<退出>：    选择中心线的垂直方向线
指定点以确定偏移所在一侧，或［退出（E）/多个（M）/放弃（U）］<退出>：
                              在中心线的垂直方向线的左侧任意位置单击鼠标左键
选择要偏移的对象或［退出（E）/放弃（U）］<退出>：    选择中心线的垂直方向线
指定点以确定偏移所在一侧，或［退出（E）/多个（M）/放弃（U）］<退出>：
                              在中心线的垂直方向线的右侧任意位置单击鼠标左键
选择要偏移的对象或［退出（E）/放弃（U）］<退出>：*取消*
命令：OFFSET
指定偏移距离或［通过（T）/删除（E）/图层（L）］<5.0000>：20
选择要偏移的对象或［退出（E）/放弃（U）］<退出>：    选择中心线的垂直方向线
指定点以确定偏移所在一侧，或［退出（E）/多个（M）/放弃（U）］<退出>：
                              在中心线的垂直方向线的左侧任意位置单击鼠标左键
选择要偏移的对象或［退出（E）/放弃（U）］<退出>：    选择中心线的垂直方向线
指定点以确定偏移所在一侧，或［退出（E）/多个（M）/放弃（U）］<退出>：
                              在中心线的垂直方向线的右侧任意位置单击鼠标左键
选择要偏移的对象或［退出（E）/放弃（U）］<退出>：*取消*
命令：_line
指定第一点：                       对照图6-14，连接灯座基部左斜线第一点
指定下一点或［放弃（U）］：          对照图6-14，连接灯座基部左斜线第二点
指定下一点或［放弃（U）］：                                    回车
```

3）镜像得到对称线。

```
命令：_mirror                                           "镜像"命令
选择对象：找到1个                                  选择灯座基部左斜线
选择对象：                                                    回车
```

指定镜像线的第一点:	选择中心线垂直方向的上端点
指定镜像线的第二点:	选择中心线垂直方向的下端点
是否删除源对象？[是(Y)/否(N)]<N>:	回车

4）剪去多余的线，绘制结果如图6-14所示。

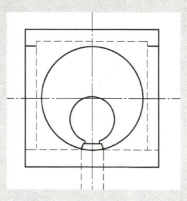

图6-14　绘制庭院灯立面图（二）

命令: _trim
当前设置：投影=UCS，边=延伸
选择剪切边…
选择对象或<全部选择>：找到1个
选择对象：找到1个，总计2个
选择对象：
选择要修剪的对象，或按住 Shift 键选择要延伸的对象，或［栏选(F)/窗交(C)/投影(P)/边(E)/放弃(U)］:　　　　　　　　　对照图6-12，剪去多余的线
命令：_erase，找到2个　　　　　　　选择两个竖直方向的偏移线，并回车
命令：_offset
指定偏移距离或［通过(T)/删除(E)/图层(L)］<20.0000>：13
选择要偏移的对象或［退出(E)/放弃(U)］<退出>：　　选择中心线的垂直方向线
指定点以确定偏移所在一侧，或［退出(E)/多个(M)/放弃(U)］<退出>:
　　　　　　　　　在中心线的垂直方向线的左侧任意位置单击鼠标左键
选择要偏移的对象或［退出(E)/放弃(U)］<退出>：　　选择中心线的垂直方向线
指定点以确定偏移所在一侧，或［退出(E)/多个(M)/放弃(U)］<退出>:
　　　　　　　　　在中心线的垂直方向线的右侧任意位置单击鼠标左键
选择要偏移的对象或［退出(E)/放弃(U)］<退出>：*取消*
命令：OFFSET
指定偏移距离或［通过(T)/删除(E)/图层(L)］<10.0000>：53
选择要偏移的对象或［退出(E)/放弃(U)］<退出>：　　选择已分解正方形的下边
指定点以确定偏移所在一侧，或［退出(E)/多个(M)/放弃(U)］<退出>:
　　　　　　　　　在已分解正方形下边的上方任意位置单击鼠标左键
选择要偏移的对象或［退出(E)/放弃(U)］<退出>：　　　　　　　　　回车

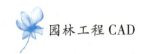

指定圆的圆心或 [三点 (3P)/两点 (2P)/切点、切点、半径 (T)]：
　　　　　　　　　　　　　　　捕捉所绘偏移线与中心线的垂直方向线的交点
指定圆的半径或 [直径 (D)] <90.0000>：40　　　　　　　　　　　　　　　　回车
命令：_circle
指定圆的圆心或 [三点 (3P)/两点 (2P)/切点、切点、半径 (T)]：t
指定对象与圆的第一个切点：　　　　　　对照图6-12，捕捉圆半径40的左切点
指定对象与圆的第二个切点：　　　　　　　　　　捕捉向左偏移16的垂直方向线
指定圆的半径 <20.0000>：5　　　　　　　　　　　　　　　　　　　　　　　回车
命令：_mirror
选择对象：找到 1 个　　　　　　　　　　　　　　　选择刚绘制半径为5的圆
选择对象：　　　　　　　　　　　　　　　　　　　　　　　　　　　　　　回车
指定镜像线的第一点：　　　　　　　　　　　选择中心线垂直方向的上端点
指定镜像线的第二点：　　　　　　　　　　　选择中心线垂直方向的下端点
是否删除源对象？[是 (Y)/否 (N)] <N>：　　　　　　　　　　　　　　　　回车
命令：_trim
当前设置：投影=UCS，边=延伸
选择剪切边…
选择对象或 <全部选择>：找到 5 个
选择对象：　　　　　　　　　　　　　　　　　　　　　　　　　　　　　　回车
选择要修剪的对象，或按住 Shift 键选择要延伸的对象，或 [栏选 (F)/窗交 (C)/投影 (P)/边 (E)/放弃 (U)]：　　　　　　　　　　　　　　对照图6-12，剪去多余的线
选择要修剪的对象，或按住 Shift 键选择要延伸的对象，或 [栏选 (F)/窗交 (C)/投影 (P)/边 (E)/放弃 (U)]：　　　　　　　　　　　　　　　　　　　　　　　　　　回车
＊取消＊
命令：_erase
找到 1 个
命令：_offset
指定偏移距离或 [通过 (T)/删除 (E)/图层 (L)] <30.0000>：110
选择要偏移的对象或 [退出 (E)/放弃 (U)] <退出>：　选择已分解正方形的下边
指定点以确定偏移所在一侧，或 [退出 (E)/多个 (M)/放弃 (U)] <退出>：
　　　　　　　　　　　　　　在已分解正方形下边的下方任意位置单击鼠标左键
选择要偏移的对象或 [退出 (E)/放弃 (U)] <退出>：　　　　　　　　　　　回车
命令：_offset
指定偏移距离或 [通过 (T)/删除 (E)/图层 (L)] <30.0000>：90
选择要偏移的对象或 [退出 (E)/放弃 (U)] <退出>：　选择中心线的垂直方向线
指定点以确定偏移所在一侧，或 [退出 (E)/多个 (M)/放弃 (U)] <退出>：
　　　　　　　　　　　　　　在中心线的垂直方向线的左侧任意位置单击鼠标左键
选择要偏移的对象或 [退出 (E)/放弃 (U)] <退出>：　选择中心线的垂直方向线
指定点以确定偏移所在一侧，或 [退出 (E)/多个 (M)/放弃 (U)] <退出>：
　　　　　　　　　　　　　　在中心线的垂直方向线的右侧任意位置单击鼠标左键
选择要偏移的对象或 [退出 (E)/放弃 (U)] <退出>：＊取消＊

> 命令：_trim　　　　　　　　　　　　　　　　　　　　　　　　　　"修剪"命令
> 当前设置：投影=UCS，边=延伸
> 选择剪切边...
> 选择对象或<全部选择>：找到1个
> 选择对象：　　　　　　　　　　　　　　　　　　　　　　　　　　　　　回车
> 选择要修剪的对象，或按住Shift键选择要延伸的对象，或[栏选（F）/窗交（C）/投影（P）/边（E）/放弃（U）]：　　　　　　　　　　　　　　　对照图6-12，剪去多余的线
> 选择要修剪的对象，或按住Shift键选择要延伸的对象，或[栏选（F）/窗交（C）/投影（P）/边（E）/放弃（U）]：　　　　　　　　　　　　　　　　　　　　　　　　　　回车

4. 标注尺寸

参照图6-12，标注相应尺寸。

提 高 篇

【图例练习1】绘制六角亭平面图并标注，如图6-15所示。

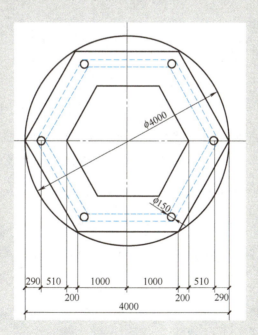

图6-15　六角亭平面图

操作过程：
本题主要采用"多边形"和"偏移"工具进行绘制。

1. 建立相关图层

建立的图层如图6-16所示。

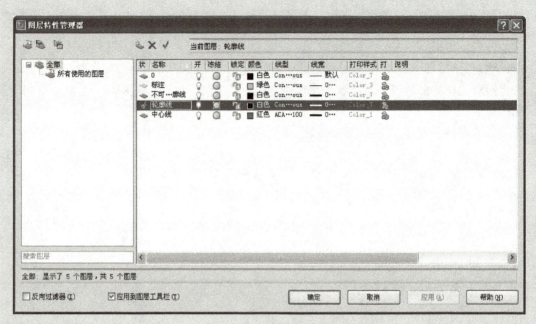

图6-16　新建图层

2. 绘制中心对称线

命令：_line
指定第一个点：　　　　　　　　　　　　　　　　　　　　　　　　　任意指定
指定下一点或［放弃（U）］：　　　　　　　　　　　　　　　绘制长度5000的水平线
指定下一点或［放弃（U）］：　　　　　　　　　　　　　　　　　　　　　回车
命令：_line
指定第一点：
　　对象捕捉追踪开，在5000水平线中点的上方约2500单击，但中心线未必需要十分精确
指定下一点或［放弃（U）］：　　　　　　　　　　　　绘制过水平线中心长度约5000的垂直线
指定下一点或［放弃（U）］：　　　　　　　　　　　　　　　　　　　　　回车

3. 绘制轮廓线

1）绘制半径为2000的圆和内接圆半径分别为2000、1200的两个正六边形。

命令：CIRCLE
指定圆的圆心或［三点（3P）/两点（2P）/切点、切点、半径（T）］：　捕捉中心线的交点
指定圆的半径或［直径（D）］：2000　　　　　　　　　　　　　　　　回车
命令：_polygon
输入侧面数<4>：6　　　　　　　　　　　　　　　　　　　　　　　　回车
指定正多边形的中心点或［边（E）］：　　　　　　　　　　　　捕捉中心线的交点
输入选项［内接于圆（I）/外切于圆（C）］<I>：　　　　　　　　　　　回车
指定圆的半径：2000　　　　　　　　　　　　　　　　　　　　　　　　回车
命令：POLYGON

> 输入侧面数<6>： 回车
> 指定正多边形的中心点或[边(E)]： 捕捉中心线的交点
> 输入选项[内接于圆(I)/外切于圆(C)]<I>： 回车
> 指定圆的半径：1200 回车

2）偏移半径为2000的圆，偏移距离290。

> 命令：_offset
> 指定偏移距离或[通过(T)/删除(E)/图层(L)]<通过>：290
> 选择要偏移的对象或[退出(E)/放弃(U)]<退出>： 选择半径为2000的圆
> 指定点以确定偏移所在一侧，或[退出(E)/多个(M)/放弃(U)]<退出>：
> 　　　　　　　　　　　　　　　　在半径为2000圆的内部任意位置单击鼠标左键
> 选择要偏移的对象或[退出(E)/放弃(U)]<退出>：*取消*

3）绘制直径为150的圆，并用阵列工具复制6个。

> 命令：_circle
> 指定圆的圆心或[三点(3P)/两点(2P)/切点、切点、半径(T)]：
> 　　　　　　　　　　　　　　捕捉距离290的偏移圆与中心线的交点
> 指定圆的半径或[直径(D)]<2000.0000>：75 回车
> 命令：_array
> 选择对象：找到1个 环形阵列，选择小圆
> 选择对象： 回车
> 选择对象：输入阵列类型[矩形(R)/路径(DA)/极轴(PO)]<矩形>：PO
> 类型=极轴 关联=是
> 指定阵列的中心点或[基点(B)/旋转轴(A)]： 选择中心线的交点
> 选择夹点以编辑阵列或[关联(AS)/基点(B)/项目(I)/项目间角度(A)/填充角度(F)/行(ROW)/层(L)/旋转项目(ROT)/退出(X)]<退出>：*取消*

4）绘制两个虚线正六边形。

> 命令：_polygon
> 输入侧面数<6>： 回车
> 指定正多边形的中心点或[边(E)]： 捕捉中心线的交点
> 输入选项[内接于圆(I)/外切于圆(C)]<I>： 回车
> 指定圆的半径： 捕捉右边小圆的左象限点

5）绘制左上角两小圆的公切线。

> 命令：_line
> 指定第一点： 捕捉小圆的外切点
> 指定下一点或[放弃(U)]： 捕捉另一小圆的外切点
> 指定下一点或[放弃(U)]： 回车

6）延伸所绘切线，与中心线的水平线相交，确定其交点。

命令：_offset
指定偏移距离或 ［通过 (T)/删除 (E)/图层 (L)］<290.0000>：T　　　　回车
选择要偏移的对象或 ［退出 (E)/放弃 (U)］<退出>：　　　　选中任一正六边形
指定要偏移的那一侧上的点，或 ［退出 (E)/多个 (M)/放弃 (U)］<退出>：
　　　　　　　　　　　　　　　　　　　捕捉两小圆切线与水平中心线的交点
选择要偏移的对象或 ［退出 (E)/放弃 (U)］<退出>：*取消*
命令：_erase
选择对象：找到 1 个　　　　　　　　　　　　　选择左上角两小圆的公切线

4. 标注尺寸

命令：_dimlinear
指定第一条尺寸界线原点或 <选择对象>：
指定第二条尺寸界线原点：
指定尺寸线位置或 ［多行文字 (M)/文字 (T)/角度 (A)/水平 (H)/垂直 (V)/旋转 (R)］：
标注文字 =290
命令：_dimcontinue
指定第二条尺寸界线原点或 ［放弃 (U)/选择 (S)］<选择>：
标注文字 =510
指定第二条尺寸界线原点或 ［放弃 (U)/选择 (S)］<选择>：
标注文字 =200
指定第二条尺寸界线原点或 ［放弃 (U)/选择 (S)］<选择>：
标注文字 =1000
指定第二条尺寸界线原点或 ［放弃 (U)/选择 (S)］<选择>：
标注文字 =1000
指定第二条尺寸界线原点或 ［放弃 (U)/选择 (S)］<选择>：
标注文字 =200
指定第二条尺寸界线原点或 ［放弃 (U)/选择 (S)］<选择>：
标注文字 =510
指定第二条尺寸界线原点或 ［放弃 (U)/选择 (S)］<选择>：
标注文字 =290
指定第二条尺寸界线原点或 ［放弃 (U)/选择 (S)］<选择>：
命令：_dimlinear
指定第一条尺寸界线原点或 <选择对象>：
指定第二条尺寸界线原点：
指定尺寸线位置或 ［多行文字 (M)/文字 (T)/角度 (A)/水平 (H)/垂直 (V)/旋转 (R)］：
标注文字 =4000
命令：_dimdiameter
选择圆弧或圆：
标注文字 =150
指定尺寸线位置或 ［多行文字 (M)/文字 (T)/角度 (A)］：'_dimstyle

```
命令：_dimdiameter
选择圆弧或圆：
标注文字 =4000
指定尺寸线位置或［多行文字（M）/文字（T）/角度（A）］：'_dimstyle
命令：'_matchprop
选择源对象：
当前活动设置：颜色 图层 线型 线型比例 线宽 厚度 打印样式 文字 标注 填充图案
多段线 视口 表格
选择目标对象或［设置（S）］：
选择目标对象或［设置（S）］：*取消*
```

【图例练习2】绘制六角亭立面图并标注，如图6-17所示。

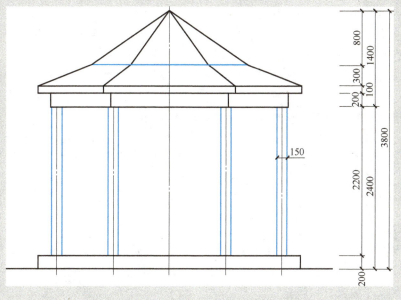

图6-17 六角亭立面图

操作过程： 绘制六角亭立面图时应按照三视图绘制要求，与上题平面图的有关尺寸结合绘图。

1. 建立相关图层

同上题。

2. 绘制中心对称线

```
命令：_line
指定第一点：                                                          任意指定
指定下一点或［放弃（U）］：<对象捕捉追踪 开>  <极轴 开>
                                                      绘制与上题中心对称的垂直线
指定下一点或［放弃（U）］：                                              回车
```

3. 绘制图形

(1) 绘制亭基

用直线和拉伸工具进行绘制。

```
命令：_line
指定第一点：                    利用"对象捕捉追踪""极轴"捕捉六角亭平面图圆的左象限点后，
                                            在窗口下方适当位置确定亭基左上角点
指定下一点或 [放弃(U)]：
利用"对象捕捉追踪""极轴"捕捉六角亭平面图圆的右象限点下延伸后，确定亭基右上角点
指定下一点或 [放弃(U)]：                                继续绘长度200的垂线
指定下一点或 [闭合(C)/放弃(U)]：
    利用"对象捕捉追踪""极轴"捕捉六角亭平面图圆的左象限点后，确定亭基左下角点
指定下一点或 [闭合(C)/放弃(U)]：                        捕捉亭基左上角点
指定下一点或 [闭合(C)/放弃(U)]：                                回车
命令：                                      激活亭基线左端夹点拉伸基线
指定拉伸点或 [基点(B)/复制(C)/放弃(U)/退出(X)]：
                                        激活亭基下边线，水平拉长左端
命令：                                      激活亭基线右端夹点拉伸基线
指定拉伸点或 [基点(B)/复制(C)/放弃(U)/退出(X)]：
                                        激活亭基下边线，水平拉长右端
```

(2) 绘制亭柱

用直线和镜像工具进行绘制。

```
命令：LINE
指定第一点：            利用"对象捕捉追踪""极轴"捕捉六角亭平面图中心线上的
                        右小圆象限点后，下延其与亭基相交，确定右亭柱的右基点
指定下一点或 [放弃(U)]：                 继续向上绘长度2200的垂线
指定下一点或 [放弃(U)]：                 继续绘长度150的水平线
指定下一点或 [闭合(C)/放弃(U)]：
                    利用"对象捕捉追踪""极轴"下延捕捉右亭柱的左基点
指定下一点或 [闭合(C)/放弃(U)]：                        回车
命令：LINE
指定第一点：   利用"对象捕捉追踪""极轴"捕捉六角亭平面图，捕捉其与亭基相交点，
                                        确定右第二亭柱的右基点
指定下一点或 [放弃(U)]：                 继续向上绘长度2200的垂线
指定下一点或 [放弃(U)]：                 再绘长度150的水平线
指定下一点或 [闭合(C)/放弃(U)]：
                    利用"对象捕捉追踪""极轴"下延捕捉右第二亭柱的左基点
指定下一点或 [闭合(C)/放弃(U)]：                        回车
命令：_line
指定第一点：                                捕捉水平线150的中点
```

指定下一点或［放弃（U）］： 利用"对象捕捉追踪""极轴"下延捕捉其与亭基相交点
指定下一点或［放弃（U）］： 回车
LINE 指定第一点： 捕捉另一条水平线150的中点
指定下一点或［放弃（U）］： 利用"对象捕捉追踪""极轴"下延捕捉其与亭基相交点
指定下一点或［放弃（U）］： 回车
命令：_mirror
选择对象：指定对角点：找到8个 选择刚绘制的两个亭柱
选择对象： 回车
指定镜像线的第一点： 捕捉中心垂直线的下端点
指定镜像线的第二点： 捕捉中心垂直线的上端点
是否删除源对象？［是（Y）/否（N）］＜N＞： 回车

(3) 绘制锥形亭顶
用"直线""偏移""镜像"和"修剪"工具进行绘制。

命令：_line
指定第一点： 利用"对象捕捉追踪""极轴"确定六角亭平面图中虚线大正六边形在水平
中心线上的左角点，捕捉其下延后与亭柱上平面的左交点
指定下一点或［放弃（U）］： 利用"对象捕捉追踪""极轴"确定六角亭平面图中
虚线大正六边形在水平中心线上的右角点，捕捉其下延后与亭柱上平面的右交点
指定下一点或［放弃（U）］： 继续向上绘长度200的垂线
指定下一点或［闭合（C）/放弃（U）］：
捕捉虚线大正六边形在水平中心线上的左角点下延线与水平线的交点
指定下一点或［闭合（C）/放弃（U）］： 继续向下绘长度200的垂线
指定下一点或［闭合（C）/放弃（U）］： 回车
命令：_line
指定第一点： 利用"对象捕捉追踪""极轴"确定六角亭平面图中内接圆直径4000的
正六边形在水平中心线上的左角点，捕捉其下延后与刚绘长矩形上边延伸线的左交点
指定下一点或［放弃（U）］： 继续向上绘长度100的垂线
指定下一点或［放弃（U）］： 利用"对象捕捉追踪""极轴"确定六角亭平面图中
内接圆直径4000的正六边形在水平中心线上的右角点，
捕捉其下延后与刚绘长矩形上边延伸线的右交点
指定下一点或［闭合（C）/放弃（U）］： 继续向下绘长度100的垂线
指定下一点或［闭合（C）/放弃（U）］： 捕捉起始点
指定下一点或［闭合（C）/放弃（U）］： 回车
命令：_offset
指定偏移距离或［通过（T）/删除（E）/图层（L）］＜75.0000＞：300
选择要偏移的对象或［退出（E）/放弃（U）］＜退出＞：
对照原图，选择刚绘的长矩形上边线
指定点以确定偏移所在一侧，或［退出（E）/多个（M）/放弃（U）］＜退出＞：
在此线的上方任意位置单击鼠标左键
选择要偏移的对象或［退出（E）/放弃（U）］＜退出＞： 回车

```
命令：OFFSET
指定偏移距离或［通过（T）/删除（E）/图层（L）］＜300.0000＞：800
选择要偏移的对象或［退出（E）/放弃（U）］＜退出＞：
                                    对照原图，选择刚绘的长矩形上边线
指定点以确定偏移所在一侧，或［退出（E）/多个（M）/放弃（U）］＜退出＞：
                                    在此线的上方任意位置单击鼠标左键
选择要偏移的对象或［退出（E）/放弃（U）］＜退出＞：            回车
命令：_line           对照六角亭平面图和立面图，绘制相应的亭顶部分连接线
指定第一点：                                         捕捉第一点
指定下一点或［放弃（U）］：                           捕捉另一点
指定下一点或［放弃（U）］：                                 回车
```

先绘好中心线的左边或右边的部分，再镜像得到其他部分。

```
命令：_mirror
选择对象：指定对角点：找到 2 个
选择对象：找到 1 个，总计 3 个
选择对象：找到 1 个，总计 4 个
选择对象：找到 1 个，总计 5 个
选择对象：
指定镜像线的第一点：
指定镜像线的第二点：
是否删除源对象？［是（Y）/否（N）］＜N＞：
命令：_trim
当前设置：投影=UCS，边=延伸
选择剪切边...
选择对象或＜全部选择＞：找到 1 个
选择对象：找到 1 个，总计 2 个
选择对象：
选择要修剪的对象，或按住 Shift 键选择要延伸的对象，或［栏选（F）窗交（C）/投影
（P）/边（E）/放弃（U）］：                        对照原图，剪去多余部分对象
选择要修剪的对象，或按住 Shift 键选择要延伸的对象，或［栏选（F）窗交（C）/投影
（P）/边（E）/放弃（U）］：                                    回车
命令：_erase
选择对象：找到 1 个                            选择亭顶最上部的一条偏移线
选择对象：回车
```

4. 标注尺寸

```
命令：_dimlinear
指定第一条尺寸界线原点或＜选择对象＞：
指定第二条尺寸界线原点：
```

指定尺寸线位置或［多行文字（M）/文字（T）/角度（A）/水平（H）/垂直（V）/旋转（R）］：

标注文字 = 200

命令：DIMLINEAR

指定第一条尺寸界线原点或 <选择对象>：

指定第二条尺寸界线原点：

指定尺寸线位置或［多行文字（M）/文字（T）/角度（A）/水平（H）/垂直（V）/旋转（R）］：

标注文字 = 2200

命令：_dimcontinue

指定第二条尺寸界线原点或［放弃（U）/选择（S）］<选择>：

标注文字 = 200

指定第二条尺寸界线原点或［放弃（U）/选择（S）］<选择>：

标注文字 = 100

指定第二条尺寸界线原点或［放弃（U）/选择（S）］<选择>：

标注文字 = 300

指定第二条尺寸界线原点或［放弃（U）/选择（S）］<选择>：

标注文字 = 800

指定第二条尺寸界线原点或［放弃（U）/选择（S）］<选择>：　　　　回车

命令：_dimlinear

指定第一条尺寸界线原点或 <选择对象>：

指定第二条尺寸界线原点：

指定尺寸线位置或［多行文字（M）/文字（T）/角度（A）/水平（H）/垂直（V）/旋转（R）］：

标注文字 = 2400

命令：_dimcontinue

指定第二条尺寸界线原点或［放弃（U）/选择（S）］<选择>：

标注文字 = 1400

指定第二条尺寸界线原点或［放弃（U）/选择（S）］<选择>：　　　　回车

命令：_dimlinear

指定第一条尺寸界线原点或 <选择对象>：

指定第二条尺寸界线原点：

指定尺寸线位置或［多行文字（M）/文字（T）/角度（A）/水平（H）/垂直（V）/旋转（R）］：

标注文字 = 3800

命令：_dimlinear

指定第一条尺寸界线原点或 <选择对象>：

指定第二条尺寸界线原点：

指定尺寸线位置或［多行文字（M）/文字（T）/角度（A）/水平（H）/垂直（V）/旋转（R）］：

标注文字 = 150

思 考 题

1. 图层命名应注意哪些方面？

2. 欲将一个绘制好的对象放置到另一个图层中，应如何操作？
3. 图层中包含哪些特性设置？冻结图层和关闭图层的区别是什么？
4. 如果希望某图线显示又不希望该线条无意中被修改，应如何操作？
5. 阵列分几种类型？行、列偏移为负值表达什么含义？
6. 列举出不宜用"分解"工具的图形对象。
7. "阵列"是否具有复制并旋转原对象的功能？
8. 按图 6-18 所示尺寸绘制并标注图形。
9. 按图 6-19 所示尺寸绘制并标注图形。

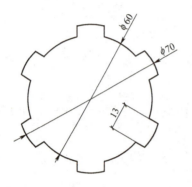

图 6-18　绘制并标注图形（一）

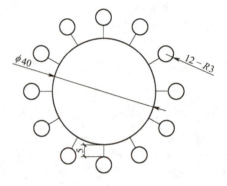

图 6-19　绘制并标注图形（二）

10. 按图 6-20 所示尺寸绘制并标注图形。
11. 按图 6-21 所示尺寸绘制并标注图形。

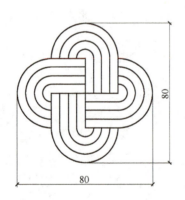

图 6-20　绘制并标注图形（三）

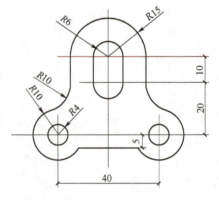

图 6-21　绘制并标注图形（四）

12. 按图 6-22 所示尺寸绘制并标注图形。
13. 按图 6-23 所示尺寸绘制并标注图形。

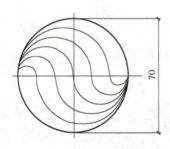

图 6-22　绘制并标注图形（五）

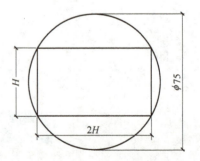

图 6-23　绘制并标注图形（六）

项目七　绘制小游园绿化设计平面图

学习目标

1. 熟练运用"阵列""拉伸""分解""特性匹配""图层"等已学工具进行绘图。
2. 掌握"旋转""定数等分""多段线""图块"等新工具的运用。
3. 掌握"旋转""定数等分""多段线"和"图块"工具的使用注意事项。
4. 学会小游园绿化设计平面图的绘制。

学习难点

1. 学会定数等分的具体应用。
2. 掌握块的创建与应用。

知　识　篇

【旋转】 < rotate >

在使用"旋转"命令时,选择对象后需指定旋转基点,然后再指定旋转角度。角度为正则逆时针旋转;角度为负则顺时针旋转。

【图例练习1】灵活运用"旋转"工具,绘制图7-1的几何图形并标注。

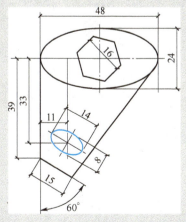

图7-1　旋转绘图(一)

操作过程: 本例首先确定两个椭圆的中心点,然后用"绘图"面板上的"椭圆"工具绘制椭圆,用"正多边形"工具绘制正六边形,最后再用"旋转"工具进行适当调整。

1. 建立图层

图层的建立如图 7-2 所示。

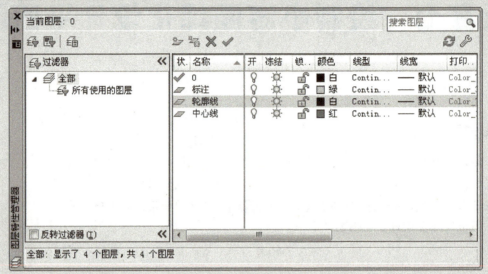

图 7-2　创建图层

2. 绘制中心线及偏移相关直线

```
命令：_line
指定第一点：                                                  在窗口上任意指定一点
指定下一点或［放弃（U）］：60                                  绘制长度为 60 的水平线
指定下一点或［放弃（U）］：                                    回车
命令：LINE 指定第一点：<极轴 关><极轴 开><正交 开><正交 关><对象捕捉追
踪 开>                                                        在窗口上任意指定一点
指定下一点或［放弃（U）］：                                    绘制长度为 60 的中垂线
指定下一点或［放弃（U）］：                                    回车
命令：_offset
指定偏移距离或［通过（T）/删除（E）/图层（L）］：33
选择要偏移的对象或［退出（E）/放弃（U）］<退出>：              选择中心线的水平线
指定点以确定偏移所在一侧，或［退出（E）/多个（M）/放弃（U）］<退出>：
                                  在中心线水平线的下方任意位置单击鼠标左键
选择要偏移的对象或［退出（E）/放弃（U）］<退出>：              回车
命令：OFFSET
指定偏移距离或［通过（T）/删除（E）/图层（L）］<33.0000>：13
选择要偏移的对象或［退出（E）/放弃（U）］<退出>：              选择中心线的垂直线
指定点以确定偏移所在一侧，或［退出（E）/多个（M）/放弃（U）］<退出>：
                                  在中心线垂直线的左边任意位置单击鼠标左键
选择要偏移的对象或［退出（E）/放弃（U）］<退出>：              回车
```

```
命令：_extend                                                     "延伸"命令
当前设置：投影＝UCS，边＝延伸
                              适当调整两偏移线的长度，使其成为图7-1中的下方一中心线
选择边界的边…
选择对象或＜全部选择＞：找到1个
选择对象：                                                          回车
选择要延伸的对象，或按住Shift键选择要修剪的对象，或［栏选（F）/窗交（C）/投影
（P）/边（E）/放弃（U）］：                                  对照图7-1进行延伸
选择要延伸的对象，或按住Shift键选择要修剪的对象，或［栏选（F）/窗交（C）/投影
（P）/边（E）/放弃（U）］：                                        回车
```

3. 绘制图形

1) 绘制两个椭圆。

```
命令：_ellipse                                                    "椭圆"命令
指定椭圆的轴端点或［圆弧（A）/中心点（C）］：c
指定椭圆的中心点：                                         捕捉中心线的交点
指定轴的端点：24
指定另一条半轴长度或［旋转（R）］：12
命令：ELLIPSE
指定椭圆的轴端点或［圆弧（A）/中心点（C）］：c
指定椭圆的中心点：                                         捕捉中心线的交点
指定轴的端点：7
指定另一条半轴长度或［旋转（R）］：4
```

2) 绘制直线和切线。

```
命令：_line
指定第一点：                                             捕捉椭圆长轴的左端点
指定下一点或［放弃（U）］：                                  向下绘垂直线39
指定下一点或［放弃（U）］：@15＜－30
指定下一点或［闭合（C）/放弃（U）］：_tan 到            捕捉椭圆上的切点
指定下一点或［闭合（C）/放弃（U）］：                            回车
＊＊拉伸＊＊
指定拉伸点或［基点（B）/复制（C）/放弃（U）/退出（X）］：
命令：＊取消＊
```

3) 旋转小椭圆及其中心线。

```
命令：_rotate                                                     "旋转"命令
UCS当前的正角方向：   ANGDIR＝逆时针   ANGBASE＝0
选择对象：找到1个
```

选择对象：找到 1 个，总计 2 个	
选择对象：找到 1 个，总计 3 个	选择小椭圆及其中心线
选择对象：	回车
指定基点：	捕捉下方中心线的交点
指定旋转角度或 [复制 (C)/参照 (R)]：-30	角度可自定，回车

4) 绘制正六边形。

命令：_polygon	
输入侧面数 <4>：6	回车
指定正多边形的中心点或 [边 (E)]：	捕捉上方中心线的交点
输入选项 [内接于圆 (I)/外切于圆 (C)] <I>：c	回车
指定圆的半径：8	角度可自定，回车

5) 旋转正六边形。

命令：_rotate	
UCS 当前的正角方向：ANGDIR = 逆时针 ANGBASE = 0	
选择对象：找到 1 个	
选择对象：	选择正六边形
指定基点：	捕捉上方中心线的交点
指定旋转角度或 [复制 (C)/参照 (R)]：r	回车
指定参照角 <0>：	捕捉上方中心线的交点
指定第二点：	捕捉正六边形的右角点
指定新角度：45	回车

4. 标注尺寸

参照图 7-1，标注相应尺寸。

【图例练习 2】按尺寸绘制图 7-3。

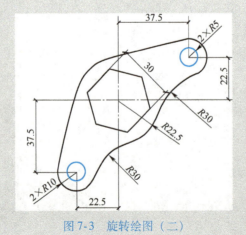

图 7-3　旋转绘图（二）

操作过程： 本例可先绘下方的一半再镜像即可。

1. 绘制中心线

用"直线"工具绘制"十"字虚线。

2. 绘制圆及弧线

绘制结果如图7-4所示。

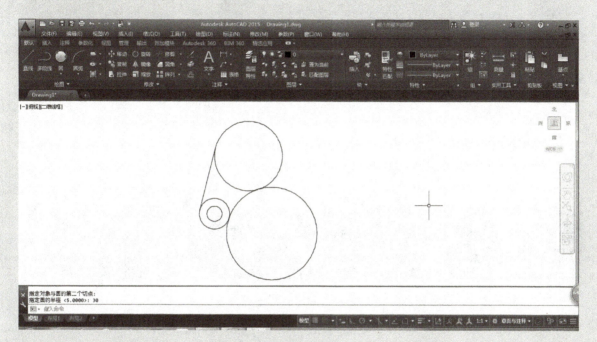

图7-4 绘制几何图形

1）以"十"字中心线交点为圆心，半径为22.5绘制圆。

> 命令：_circle
> 指定圆的圆心或 [三点（3P）/两点（2P）/切点、切点、半径（T）]： 捕捉交点
> 指定圆的半径或 [直径（D）] <5.0859>：22.5

2）直接绘制下方小圆。

> 命令：CIRCLE
> 指定圆的圆心或 [三点（3P）/两点（2P）/切点、切点、半径（T）]：@-22.5，-37.5
> 指定圆的半径或 [直径（D）] <5.0859>：5

3）绘半径为10的同心圆。

> 命令：CIRCLE
> 指定圆的圆心或 [三点（3P）/两点（2P）/切点、切点、半径（T）]：选择半径为5的圆的圆心
> 指定圆的半径或 [直径（D）] <5.0859>：10

4）用直线绘制两圆的切线。

```
命令：_line
指定第一点：                          按<Shift>键并单击鼠标右键，在圆R10上捕捉切点
指定下一点或 [放弃（U）]：  按<Shift>键并单击鼠标右键，在圆R22.5上捕捉另一切点
指定下一点或 [放弃（U）]：                                              回车
```

5）绘制半径为30并与两圆相切的弧线。

```
命令：_circle
指定圆的圆心或 [三点（3P）/两点（2P）/切点、切点、半径（T）]：t
指定对象与圆的第一个切点：                              捕捉圆的切点
指定对象与圆的第二个切点：                            捕捉另一圆的切点
指定圆的半径 <10.0000>：30
```

3. 绘制正六边形

剪去多余的弧线，再以大圆的圆心为中心点，绘制正六边形，如图7-5所示。

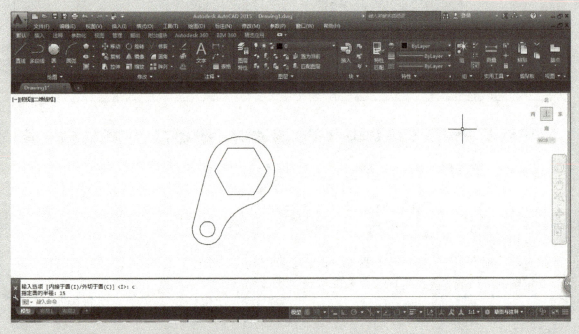

图7-5 绘制正六边形

```
命令：_polygon
输入侧面数 <4>：6
指定正多边形的中心点或 [边（E）]：                       捕捉大圆的圆心
输入选项 [内接于圆（I）/外切于圆（C）] <I>：c
指定圆的半径：15
```

4. 绘制直线

绘制一条过圆心的45°直线，长度任意，如图7-6所示。

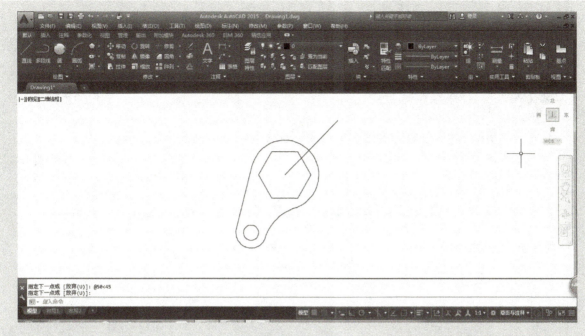

图 7-6　绘制直线

命令：_line
指定第一点：　　　　　　　　　　　　　　　　　　　　　　　　　　捕捉大圆的圆心
指定下一点或 [放弃（U）]：<正交 关>@30<45
指定下一点或 [放弃（U）]：　　　　　　　　　　　　　　　　　　　　　回车

5. 旋转正六边形

旋转正六边形，如图 7-7 所示。

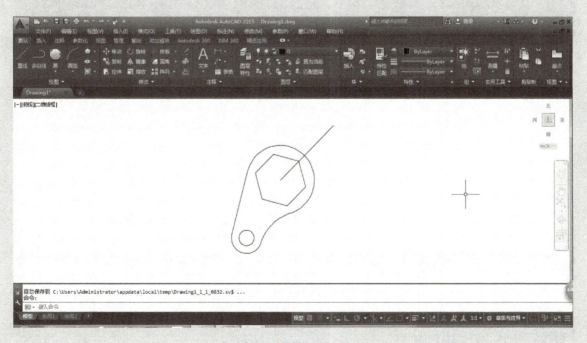

图 7-7　旋转正六边形

```
命令：_rotate
UCS 当前的正角方向：ANGDIR = 逆时针  ANGBASE = 0
选择对象：找到 1 个
选择对象：                                              选择正六边形
指定基点：                                              捕捉大圆的圆心
指定旋转角度，或 [复制 (C)/参照 (R)] <0>：r
指定参照角 <0>：                                        捕捉大圆的圆心
指定第二点：                                            捕捉六边形的边顶点
指定新角度或 [点 (P)] <0>：                             捕捉直线的另一端点
```

6. 利用镜像完成绘图

删除直线，再用"镜像"工具完成另一部分图形，并修剪多余弧线，如图 7-8 所示。

```
命令：_mirror
选择对象：找到 1 个
选择对象：指定对角点：找到 4 个 (1 个重复)，总计 4 个
选择对象：                                              回车
指定镜像线的第一点：                                    捕捉六边形的边中点
指定镜像线的第二点：                                    捕捉六边形的对边中点
要删除源对象吗？[是 (Y)/否 (N)] <N>：                   回车
```

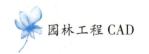

图 7-8　镜像绘图

【定数等分】　<divide>

"定数等分"是指按照一定的间隔等分对象，即按段数等分。而"定距等分"是按长度等分，命令

为 measure。由于两个命令的运用基本相同,因此这里仅介绍"定数等分"。

【图例练习3】绘制图7-9的几何图形并标注,学习"定数等分"工具的实际应用。

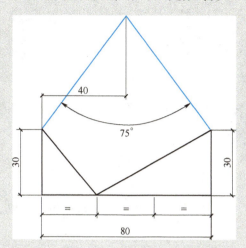

图7-9 用"定数等分"工具绘图

操作过程:本例用"定数等分"工具对水平线段进行3等分,然后绘制已知两端点,角度为75°的圆弧,最后用"直线"工具捕捉圆弧的圆心绘制好图形上部尖形的两条斜线。

1)绘制图形。

命令:_line	
指定第一点:	在窗口上任意指定一点
指定下一点或 [放弃 (U)]:<极轴 开>	绘制长度为30的垂直线
指定下一点或 [放弃 (U)]:	绘制长度为80的水平线
指定下一点或 [闭合 (C)/放弃 (U)]:	绘制长度为30的垂直线
指定下一点或 [闭合 (C)/放弃 (U)]:	回车
命令:_divide	"定数等分"命令
选择要定数等分的对象:	选择长度为80的水平线
输入线段数目或 [块 (B)]:3	回车
命令:_line	
指定第一点:<对象捕捉 开>	捕捉长度为30的左垂直线上端点
指定下一点或 [放弃 (U)]:_nod 于	按住<Shift>键并单击鼠标右键选择"节点"
指定下一点或 [放弃 (U)]:	捕捉长度为30的右垂直线上端点
指定下一点或 [闭合 (C)/放弃 (U)]:	回车
命令:_arc	
指定圆弧的起点或 [圆心 (C)]:	捕捉长度为30的左垂直线上端点
指定圆弧的第二个点或 [圆心 (C)/端点 (E)]:e	回车
指定圆弧的端点:	捕捉长度为30的右垂直线上端点
指定圆弧的圆心或 [角度 (A)/方向 (D)/半径 (R)]:a	回车
指定包含角:75	回车
命令:_line	
指定第一点:	捕捉长度为30的左垂直线上端点
指定下一点或 [放弃 (U)]:	捕捉所绘圆弧的圆心

指定下一点或［放弃（U）］：　　　　　　　　　　　　　　捕捉长度为30的右垂直线上端点
指定下一点或［闭合（C）/放弃（U）］：　　　　　　　　　　　　　　　　　　回车

2）标注尺寸。参照图7-9，标注相应尺寸。

特别提醒：
图中3个"="的标注，应先用"连续标注"工具标好尺寸，再单击"修改"菜单→对象→文字→编辑，光标单击所标尺寸，将其改为"="。

【多段线】 < pline >

多段线是由一系列具有宽度性质的直线段或圆弧段组成的单一对象，它与使用"line"命令绘制的彼此独立的线段有明显不同。

【图例练习4】运用"多段线"工具绘制箭头，如图7-10所示。

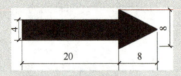

图7-10　用"多段线"工具绘制箭头

操作过程： 最重要的是学会调整多段线的线宽。

命令：_pline　　　　　　　　　　　　　　　　　　　　　　　　　"多段线"命令
指定起点：　　　　　　　　　　　　　　　　　　　　　　　　在窗口上任意指定一点
当前线宽为0.0000
指定下一个点或［圆弧（A）/半宽（H）/长度（L）/放弃（U）/宽度（W）］：w
指定起点宽度 <0.0000>：4
指定端点宽度 <4.0000>：　　　　　　　　　　　　　　　　　　　　　　　　　　回车
指定下一个点或［圆弧（A）/半宽（H）/长度（L）/放弃（U）/宽度（W）］：20
指定下一点或［圆弧（A）/闭合（C）/半宽（H）/长度（L）/放弃（U）/宽度（W）］：w
指定起点宽度 <4.0000>：8
指定端点宽度 <8.0000>：0　　　　　　　　　　　　　　　由于是三角形，因此端点宽度应该为0
指定下一点或［圆弧（A）/闭合（C）/半宽（H）/长度（L）/放弃（U）/宽度（W）］：8
指定下一点或［圆弧（A）/闭合（C）/半宽（H）/长度（L）/放弃（U）/宽度（W）］：回车

【图例练习5】运用"多段线"工具绘制图7-11。

图7-11　运用"多段线"工具绘图

操作过程：

命令：_pline　　　　　　　　　　　　　　　　　　　　　"多段线"命令
指定起点：　　　　　　　　　　　　　　　　　　　　　在窗口上任意指定一点
当前线宽为 0.0000
指定下一个点或 [圆弧（A）/半宽（H）/长度（L）/放弃（U）/宽度（W）]：100
　　　　　　　　　　　　　　　　　　　　　　　　　绘制长度为 100 的水平线
指定下一点或 [圆弧（A）/闭合（C）/半宽（H）/长度（L）/放弃（U）/宽度（W）]：a
指定圆弧的端点或 [角度（A）/圆心（CE）/闭合（CL）/方向（D）/半宽（H）/直线（L）/半径（R）/第二个点（S）/放弃（U）/宽度（W）]：a
指定包含角：180
指定圆弧的端点或 [圆心（CE）/半径（R）]：r
指定圆弧的半径：30
指定圆弧的弦方向 <0>：指定方向点
指定圆弧的端点或 [角度（A）/圆心（CE）/闭合（CL）/方向（D）/半宽（H）/直线（L）/半径（R）/第二个点（S）/放弃（U）/宽度（W）]：l
指定下一点或 [圆弧（A）/闭合（C）/半宽（H）/长度（L）/放弃（U）/宽度（W）]：100
　　　　　　　　　　　　　　　　　　　　　　　　　绘制长度为 100 的水平线
指定下一点或 [圆弧（A）/闭合（C）/半宽（H）/长度（L）/放弃（U）/宽度（W）]：a
指定圆弧的端点或 [角度（A）/圆心（CE）/闭合（CL）/方向（D）/半宽（H）/直线（L）/半径（R）/第二个点（S）/放弃（U）/宽度（W）]：a
指定包含角：180
指定圆弧的端点或 [圆心（CE）/半径（R）]：　　　　　　捕捉圆弧端点
指定圆弧的端点或 [角度（A）/圆心（CE）/闭合（CL）/方向（D）/半宽（H）/直线（L）/半径（R）/第二个点（S）/放弃（U）/宽度（W）]：　　　　　　回车

特别提醒：

在"多段线"工具的运用中，相关参数的含义为：

1）下一点：输入点后，绘制一条直线段。
2）闭合：在当前位置到多段线起点之间绘制一条直线段以闭合多段线。
3）半宽：输入多段线宽度值的一半。
4）长度：沿着前一线段相同的角度并按指定长度绘制直线段。
5）放弃：删除最近一次添加到多段线上的直线段。
6）宽度：指定下一条直线段的宽度。
7）圆弧：将弧线段添加到多段线中。选择此参数，进入圆弧绘制状态，出现绘制圆弧的一系列参数，其含义如下：

①端点：指定绘制圆弧的端点。弧线段从多段线上一段端点的切线方向开始绘制。
②角度：指定从起点开始的弧线段包含的圆心角。
③圆心：指定绘制圆弧的圆心。
④闭合：将多段线首尾相连封闭图形。
⑤方向：指定弧线段的起点方向。

⑥ 半宽：输入多段线宽度值的一半。
⑦ 直线：转换成直线绘制方式。
⑧ 半径：指定弧线段的半径。
⑨ 第二点：指定三点圆弧的第二点和端点。
⑩ 放弃：取消最近一次添加到多段线上的弧线段。
⑪ 宽度：指定下一弧线段的宽度。

【图块】 < block >

图块是指一个或多个对象结合形成的单个对象，每个块即是一个整体。利用块可将许多频繁使用的符号作为一个部件进行操作，简化绘图过程并提高绘图效率。

【图例练习6】将图7-12所示的图形创建成图块，名称命名为"树01"。

操作过程：

1）在"插入"选项卡的"块定义"面板中单击"创建块"按钮，进入"块定义"对话框，在其中输入名称"树01"。

2）单击"拾取点"按钮，在绘图区利用对象捕捉圆心的位置。

3）单击"选择对象"按钮，在屏幕绘图区框选所有的图形，按 < Enter > 键结束选择。

4）在"说明"文本框中键入"落叶树01平面"，结果如图7-13所示。

图7-12 定义图块

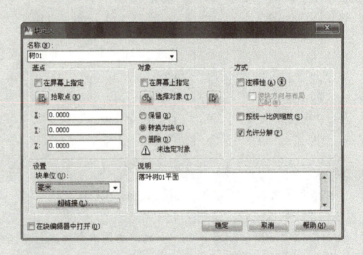

图7-13 "块定义"对话框

5）单击"确定"按钮，完成图块"树01"的建立，并保存"树块01.dwg"。

特别提醒：

1）创建图块之前，必须先绘出创建块的对象。

2）如果新块名与已有的块名重复，则发生图块的替换，此过程称为图块的重定义，这将使图形中所有与此相同的图块发生替换。

3）图块将继承其创建时所在图层上的特性。当插入块时，块仍将保持其原始特性。但是，如果图块创建于"0"图层，则在插入时，该图块将不再沿袭"0"图层的特性，而具有当前图层的特性。因此，创建图块时，推荐在"0"图层上创建，这将方便对图块特性的控制。

【图例练习7】将图7-14所示的"树01"图块进行在位编辑,形成图7-15带阴影的图块。

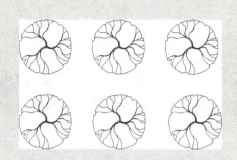

图7-14 "树01"图块

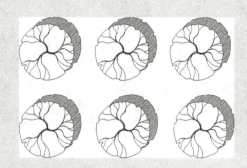

图7-15 带阴影的图块

操作过程:

1)单击图7-14"树01"图块中的任一图案,单击鼠标右键,弹出快捷菜单,单击"在位编辑块",弹出如图7-16所示的"参照编辑"对话框。

图7-16 "参照编辑"对话框

2)单击对话框的"确定"按钮,回到绘图区窗口,如图7-17所示。

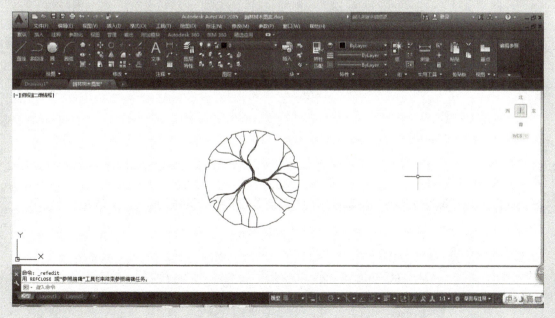

图7-17 绘图区(一)

3)复制绘图区中的圆,两圆错开,经修剪形成阴影区域,再利用"图案填充"工具填充好阴影斜线,如图7-18所示。

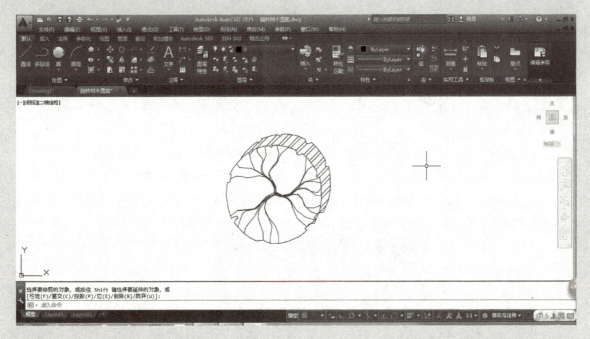

图7-18 绘图区(二)

4)单击"参照编辑"所属面板上的"保存修改"按钮,如图7-19所示。

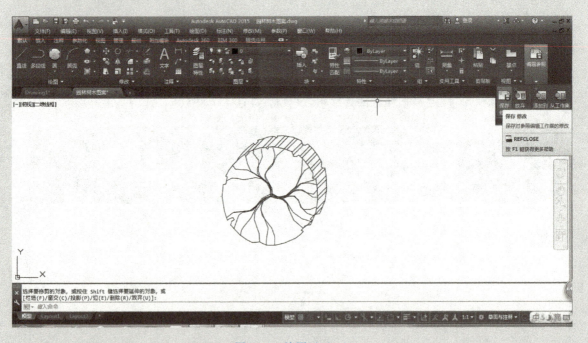

图7-19 绘图区(三)

5)单击"保存修改"按钮后,出现如图7-20所示的"警示"对话框。单击"警示"对话框中的"确定"按钮,即形成图7-15带阴影的树图块。

项目七 绘制小游园绿化设计平面图

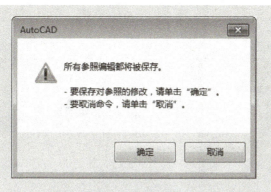

图 7-20 "警示"对话框

实 战 篇

【图例练习】绘制小游园绿化设计平面图，如图 7-21 所示。

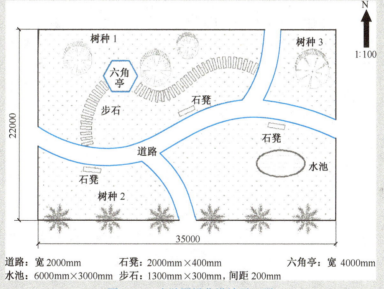

道路：宽 2000mm　　　石凳：2000mm×400mm　　　六角亭：宽 4000mm
水池：6000mm×3000mm　步石：1300mm×300mm，间距 200mm

图 7-21　小游园绿化设计平面图

操作过程：

小游园绿化设计是园林绿化中的常见形式，通过完成小游园绿化设计平面图，进一步巩固和应用所学知识，使课堂知识与园林生产紧密连接，并掌握小游园绿化设计的基本思路和图形绘制技能。

1. 建立图层

对照图 7-21，建立道路、树种、草坪、小品 4 个图层，如图 7-22 所示。

2. 绘制小游园道路和绿化区域、六角亭

调出相关图层，用"矩形"工具绘制小游园绿化区域，用"多段线"工具绘制道路线，在小游园绿化区域的适当位置用"正多边形"工具绘制六角亭，并绘好图中通向六角亭的两条小路，最后再编辑 8 条多段线，使其成为样条曲线。

141

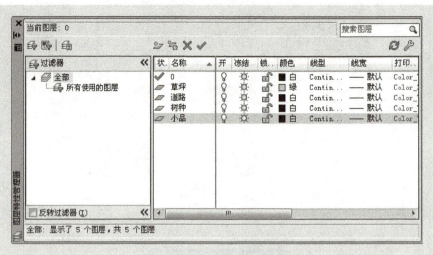

图 7-22　创建图层

1）用"矩形"工具绘制小游园绿化区域。

命令：_rectang　　　　　　　　　　　　　　　　　　　　　　　　　　"矩形"命令
指定第一个角点或 [倒角（C）/标高（E）/圆角（F）/厚度（T）/宽度（W）]：
　　　　　　　　　　　　　　　　　　　　　　　　　　　窗口中任意指定一点
指定另一个角点或 [面积（A）/尺寸（D）/旋转（R）]：@35000，22000　　回车

2）用"多段线"和"偏移"工具绘制小游园主路。
① 绘制小游园水平方向的道路。

命令：_pline　　　　　　　　　　　　　　　　　　　　　　　　　　"多段线"命令
指定起点：　　　　　　　　对照图 7-21，在已绘矩形左边的适当位置指定第一点
当前线宽为 0.0000
指定下一个点或 [圆弧（A）/半宽（H）/长度（L）/放弃（U）/宽度（W）]：
　　　　　　　　　　　　　　　　　　　　　　　在已绘矩形内部适当位置指定另一点
指定下一点或 [圆弧（A）/闭合（C）/半宽（H）/长度（L）/放弃（U）/宽度（W）]：
　　　　　　　　　　　　　用同样方法在已绘矩形内部适当位置指定一些水平道路线点
指定下一点或 [圆弧（A）/闭合（C）/半宽（H）/长度（L）/放弃（U）/宽度（W）]：
　　　　　　　　　　　　　　　　　　　　　　在已绘矩形右边的适当位置指定终点
指定下一点或 [圆弧（A）/闭合（C）/半宽（H）/长度（L）/放弃（U）/宽度（W）]：回车

② 偏移刚绘路线。

命令：_offset　　　　　　　　　　　　　　　　　　　　　　　　　　"偏移"命令
当前设置：删除源=否　图层=源　OFFSETGAPTYPE=0
指定偏移距离或 [通过（T）/删除（E）/图层（L）] <通过>：2000
选择要偏移的对象，或 [退出（E）/放弃（U）] <退出>：　　　　　　　　回车
指定要偏移的那一侧上的点，或 [退出（E）/多个（M）/放弃（U）] <退出>：
　　　　　　　　　　　　　　　　　　　　　　在已绘道路线的下方任意指定一点
选择要偏移的对象，或 [退出（E）/放弃（U）] <退出>：　　　　　　　　回车

③ 用同样方法绘制好垂直方向的两条路线。

3）用"正多边形"工具绘制六角亭，并将其线宽调整为 0.3mm，颜色改为"红色"。

> 命令：_polygon
> 输入侧面数 <4>：6
> 指定正多边形的中心点或 [边（E）]：
> 　　　　　　对照小游园绿化设计平面图的原图，在已绘矩形的内部适当位置指定中心点
> 输入选项 [内接于圆（I）/外切于圆（C）] <I>：　　　　　　　　　　　　　　　　回车
> 指定圆的半径：2000　　　　　　　　　　　　　　　　　　　　　　　　　　　　回车

4）对照图 7-21，再用"多段线"工具绘好图中通向六角亭的两条小路弧线，方法同上，最终绘制结果如图 7-23 所示。

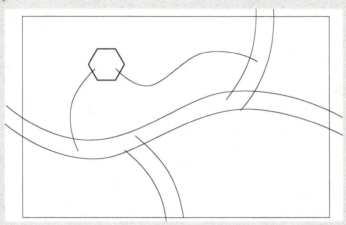

图 7-23　小游园道路和绿化区域、六角亭

5）编辑多段线，使其成为圆滑的样条曲线。选中其中一条多段线，单击鼠标右键，弹出快捷菜单，选择"编辑多段线"（或单击"修改"菜单中的对象子菜单"多段线"）。

> 命令：_pedit
> 输入选项 [闭合（C）/合并（J）/宽度（W）/编辑顶点（E）/拟合（F）/样条曲线（S）/非曲线化（D）/线型生成（L）/放弃（U）]：S　　　　　　　　　　　　　　选中各曲线
> 输入选项 [闭合（C）/合并（J）/宽度（W）/编辑顶点（E）/拟合（F）/样条曲线（S）/非曲线化（D）/线型生成（L）/放弃（U）]：　　　　　　　　　　　　　　　　回车

6）用同样方法，将已绘的其他多段线也转换成样条曲线，再剪去多余的线，并将外边线宽调整为 0.4mm，主路线宽调整为 0.3mm，最终绘制结果如图 7-24 所示。

3. 铺设步石

1）用"矩形"工具绘制一个步石。

> 命令：_rectang　　　　　　　　　　　　　　　　　　　　　　　　　　　　　"矩形"命令
> 指定第一个角点或 [倒角（C）/标高（E）/圆角（F）/厚度（T）/宽度（W）]：
> 　　　　　　　　　　　　　　　　　　　　　　　　　　　　　在窗口中任意指定一点
> 指定另一个角点或 [尺寸（D）]：@300,1300

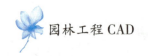

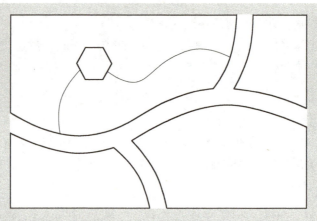

图 7-24　修剪后的道路

2）创建步石块。用鼠标单击"块定义"面板上的"创建块"图标，弹出如图 7-25 所示的对话框。

输入名称"步石"，单击拾取点，捕捉已绘矩形一条对角线的中点，回到对话框。再单击选择对象，选择已绘的矩形，最后确定，完成步石块的创建。

3）用"定距等分"工具铺设步石。单击绘图面板中的"定距等分"。

图 7-25　创建步石块

```
命令：_measure                                          "定矩等分"命令
选择要定距等分的对象：                              选择通向六角亭的一条路线
指定线段长度或 [块 (B)]：b
输入要插入的块名：步石
是否对齐块和对象？[是 (Y)/否 (N)] <Y>：              回车
指定线段长度：500                                          回车
```

4）用同样方法完成另一条通向六角亭路线的步石铺设，最终绘制结果如图 7-26 所示。

4. 插入植物图案

绘制树种 1、树种 2、树种 3 三种植物图案，分别代表广玉兰、合欢、银杏，并将三个图案建成块，方法同本项目中的【图例练习 5】。

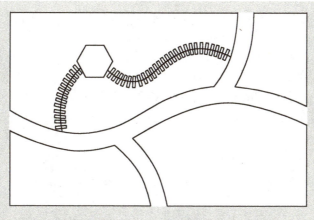

图7-26 铺设步石

对照小游园绿化设计平面图，根据不同植物的树冠大小，将三种植物图案大小适当调整后，复制插入到相应位置；并对部分植物图案创建阴影，方法同本项目中的【图例练习6】，最后结果如图7-27所示。

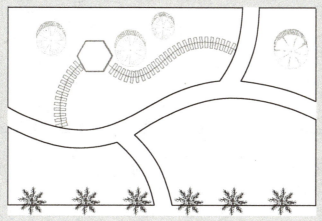

图7-27 插入植物图案

5. 创建水池和石凳

1）用"椭圆"工具绘制水池。

```
命令：_ellipse                                           "椭圆"命令
指定椭圆的轴端点或[圆弧（A）/中心点（C）]：          在窗口中任意指定一点
指定轴的另一个端点：                                 打开正交，输入6000，回车
指定另一条半轴长度或[旋转（R）]：1500                回车
```

2）用"移动"工具将水池图案移到小游园绿化平面图中的适当位置，并调整其线宽为0.3mm。
3）用"矩形"工具绘制石凳。

```
命令：_rectang                                          "矩形"命令
指定第一个角点或[倒角（C）/标高（E）/圆角（F）/厚度（T）/宽度（W）]：
                                                     在窗口中任意指定一点
指定另一个角点或[面积（A）/尺寸（D）/旋转（R）]：@2000,400    回车
```

145

4)用"移动"工具将刚绘的矩形石凳图案移到小游园绿化平面图中的适当位置,并用"旋转"工具调整其状态,使其近平行于对应的园路。

> 命令:_rotate　　　　　　　　　　　　　　　　　　　　　　"旋转"命令
> UCS 当前的正角方向:ANGDIR = 逆时针　ANGBASE = 0
> 选择对象:指定对角点:　　　　　　　　　　　　　　选择需要旋转的石凳图案
> 选择对象:　　　　　　　　　　　　　　　　　　　　　　　　　回车
> 指定基点:　　　　　　　　　　　　　　　　　　　　　　捕捉其一个角点
> 指定旋转角度,或[复制(C)/参照(R)]:　　移动鼠标位置,调整石凳图案至需要状态

5)用同样方法,将另外两个石凳图案旋转调整至需要状态,结果如图7-28所示。

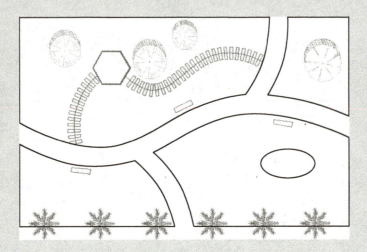

图7-28　插入植物图案

6. 填充草坪、池水

用"图案填充"工具选择适宜的草坪和池水图案,分别填入小游园绿化设计平面图的适当区域,并将其颜色调整为绿色、浅蓝色,如图7-29所示。

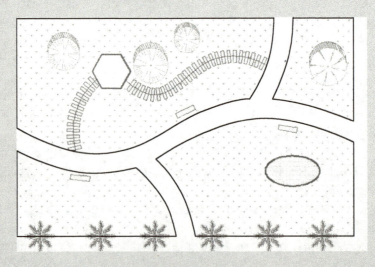

图7-29　填充草坪与池水

项目七 绘制小游园绿化设计平面图

7. 标注文本、指北针等

1）以 A3 图纸为例，对图形中的组成元素进行注释，标题文字选择宋体，字高14×100，其他图内文字选择中文字库 gbcbig，数字和字母选择 gbenor，字高 5×100，分别注释道路、树种、石凳、步石、水池等。

2）删除通向六角亭的两条小路连接线。

3）绘制简易指北针。方法同本项目中的【图例练习4】。在绘好的指北针图案上方，输入大写字母"N"，并在其下方注明比例尺，结果如图 7-30 所示。

8. 统计图中苗木数量

以树种 2 数量为例，光标在绘图窗口任意处右击，在快捷菜单中单击"快速选择"，弹出"快速选择"对话框，如图 7-31 所示。

"对象类型"选择下拉菜单中的"块参照"，如图 7-32 所示。

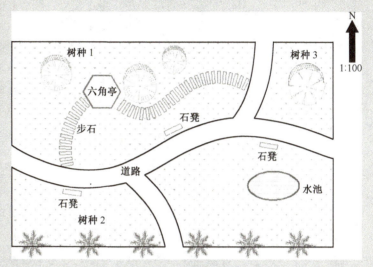

图 7-30　小游园绿化设计平面图

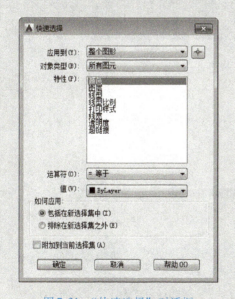

图 7-31　"快速选择"对话框

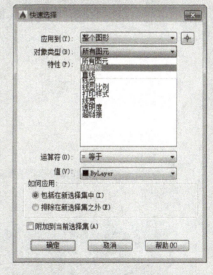

图 7-32　"对象类型"选择"块参照"

"特性"选择下拉菜单中的"名称"，如图 7-33 所示。

"运算符"选择"=等于"，"值"选择"树种 2"后单击"确定"，在命令行显示出树种 2 的数量为 6。

9. 测量图 7-30 左上方区域内的面积和周长

该区域如图 7-34 所示。

1）首先单击绘图面板中的面域工具，将该区域建成一个面域。

2）单击实用工具面板中的"面积"，如图 7-35 所示。

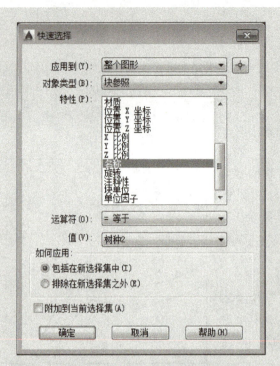

图 7-33 "特性"选择"名称"

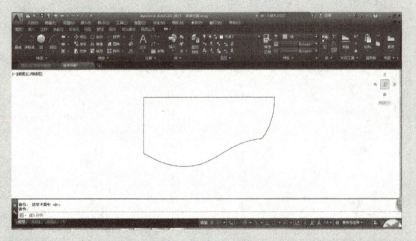

图 7-34 不规则绿化区域

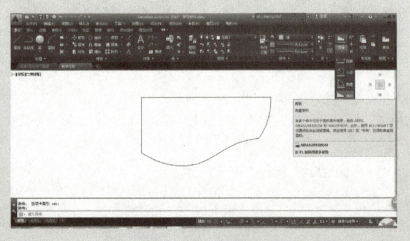

图 7-35 "实用工具"面板

项目七 绘制小游园绿化设计平面图

3）在命令行输入对象"o"，回车。光标再选中该区域即可，在命令行显示面积和周长数据，如图 7-36 所示。

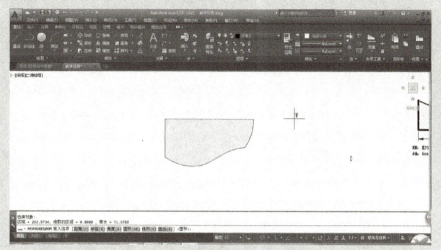

图 7-36 命令行显示测量数据

思路拓展：

如果测量的对象是多边形，那么直接依次捕捉各角点即可完成面积和周长的测量。

10. 绘制苗木配置表

1）创建表格样式。表格名定为"苗木表"，标题文字高度设为 7，常规设置如图 7-37 所示。表头和数据行的文字高度均为 5，其他设置同标题。

图 7-37 创建苗木表样式

2）插入表格。单击"表格"面板中的"插入表格"，弹出"插入表格"对话框。相关设置如图 7-38 所示，行高与列宽可在表格创建后编辑修改。

3）调整行列尺寸。选中相关的行、列，鼠标右击，在快捷菜单中单击"特性"，修改 A、D 列宽为 15，B、C 列宽为 20；标题行高调为 12，其他行高调为 9；各行列的尺寸并不固定，应依据图面效果而定，如图 7-39 所示。

149

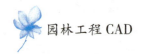

图7-38 表格行列设置

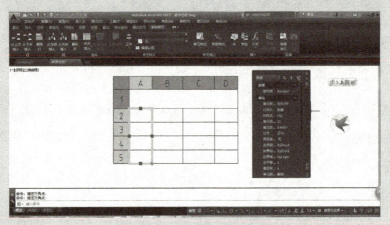

图7-39 编辑行列尺寸

4）录入相关表格信息。双击单元格，录入文字信息，并复制图例至表格中，结果如图7-40所示。

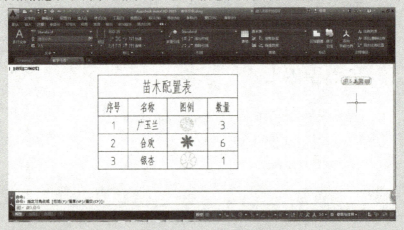

图7-40 录入表格文字信息

特别提醒：
设计图、苗木表、设计说明、指北针等图纸元素应根据图面效果需要，调整设置与尺寸，合理布局图纸，以确保效果。

提 高 篇

【图例练习】创建 A4 纵图框样板文件,如图 7-41 所示。

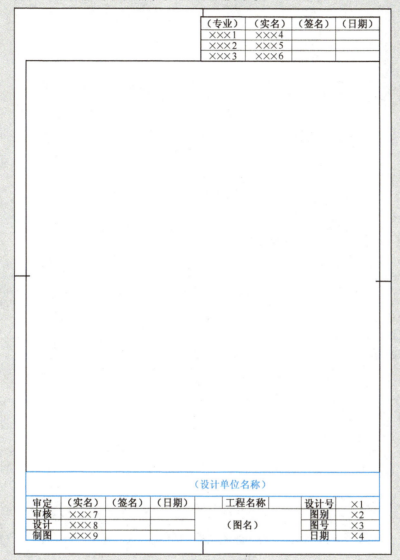

图 7-41　A4 纵图框

操作过程:

1. 绘制图框与标题栏

1) 绘制图框边界线。以 A4 图纸纵图框为例,首先绘制图纸的边界线(也可以不绘此线),将"细实线"图层置为当前层。从"图层特性管理器"的对应下拉列表中单击"细实线"项即可,当将某一图层置为当前层后,在默认设置下,用户所绘图形的线型和颜色即为该图层的线型与颜色,如图 7-42 所示。

单击"绘图"面板中的"直线"按钮,或选择"绘图"→"直线"命令,即执行"line"命令,AutoCAD 提示:

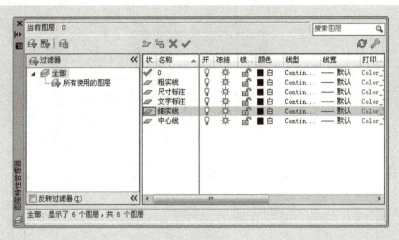

图7-42 将指定的图层设为当前层

指定第一点：0，0　　　　　　　　　　　　　　　　　确定起始点
指定下一点或 [放弃（U）]：@210，0　　　　　　　利用相对坐标确定另一点
指定下一点或 [放弃（U）]：@0，297
指定下一点或 [闭合（C）/放弃（U）]：@-210，0
指定下一点或 [闭合（C）/放弃（U）]：c　　　　　封闭已绘直线，结束操作

2）绘制图框。将"粗实线"图层置为当前层。单击"绘图"面板中的"直线"按钮，即执行"line"命令，AutoCAD提示：

指定第一点：5，5
指定下一点或 [放弃（U）]：@200，0
指定下一点或 [放弃（U）]：@0，267
指定下一点或 [闭合（C）/放弃（U）]：@200，0
指定下一点或 [闭合（C）/放弃（U）]：c

绘制完的图框如图7-43所示。

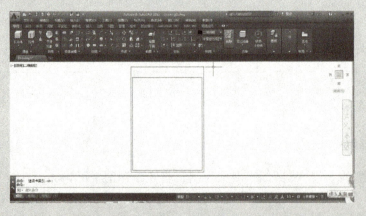

图7-43 绘制图框

3）绘制标题栏和审签栏。标题栏由相互平行的一系列粗实线和细实线组成，在其对应的图层绘制图形，具体尺寸如图7-44所示。

项目七 绘制小游园绿化设计平面图

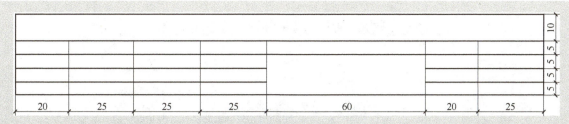

图 7-44 标题栏

用同样的方法绘制审签栏，尺寸如图 7-45 所示。

4）至此，图框与标题栏绘制完成，如图 7-46 所示。

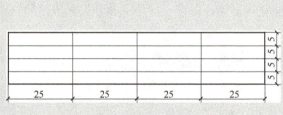

图 7-45 审签栏

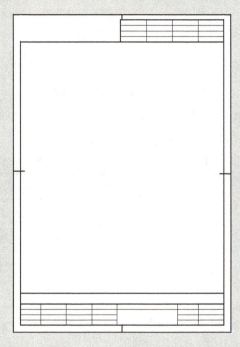

图 7-46 图框与标题栏

2. 定义标题栏块

在实际绘图中，需要用户在标题栏中填写文字信息，如设计单位名称、图名、图号等。其填写内容一般包括两部分：AutoCAD 绘图时直接填写的文字（如单位名称、图样名称等），以及将图形通过打印机或绘图仪打印之后，在图纸上的签名（如设计者等）。对于直接填写的内容，虽然可以利用 AutoCAD 提供的标注文字的方法来填写，但较为繁琐。利用 AutoCAD 2015 提供的"块"与"属性"功能，可以方便地填写标题栏。具体方法为：将标题栏中需要在绘图时填写的文字部分定义成属性，然后将标题栏和属性定义成块即可。在填写标题栏时，可直接通过 AutoCAD 2015 提供的工具填写相应的属性值（即填写标题栏内容），下面介绍具体操作过程。

1）定义文字样式。在图 7-41 所示的标题栏中，设计单位名称的文字一般采用 5 号字（字高为 5）；审核、设计、图名等其他文字可采用 3.5 号字（字高为 3.5），据此来定义文字样式。

单击"文字"面板右下方斜箭头，打开"文字样式"对话框。单击对话框中的"新建"按钮，在打开的"新建文字样式"对话框的"样式名"文本框中输入"标题栏字-3.5"，如图 7-47 所示。

153

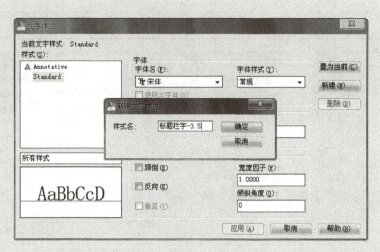

图7-47　新建文字样式名称

单击"新建文字样式"对话框的"确定"按钮,返回到"文字样式"对话框。在该对话框的"高度"文本框中输入3.5,选择gbenor.shx和gbcbig.shx字体,单击"应用"按钮,完成标题栏文字样式的定义,如图7-48所示。

图7-48　定义标题栏字样式

用同样的方法,定义字高为3.5的文字样式"审签栏字-3.5"。

2)定义尺寸标注样式。不同图纸规格标注尺寸文字的字高不一样,如果A4图框已定义了名为"标题字-3.5"的文字样式,那么下面就定义名为"尺寸-3.5"的尺寸标注样式。该样式用文字样式"标题字-3.5"作为尺寸文字的样式,即所标注尺寸文字的字高为3.5。

定义尺寸标注样式的命令为"dimstyle"。单击"注释"标题中的"标注"面板右下方箭头,即执行dimstyle命令,打开"标注样式管理器"对话框,如图7-49所示。

单击对话框中的"新建"按钮,在打开的"创建新标注样式"对话框中的"新样式名"文本框中输入"尺寸-3.5",其余设置采用默认状态,如图7-50所示。

单击"继续"按钮,打开"新建标注样式"对话框。在该对话框中切换到"线"选项卡,并进行相关设置,将"基线间距"设为6,"超出尺寸线"设为2,将"起点偏移量"设为0.5,如图7-51所示。

项目七 绘制小游园绿化设计平面图

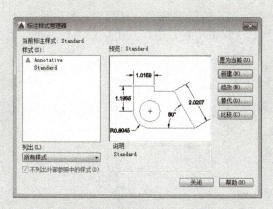

图7-49 "标注样式管理器"对话框　　　　图7-50 设置新标注样式名称

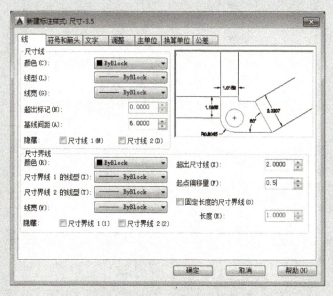

图7-51 "线"选项卡

在该对话框中切换到"符号和箭头"选项卡，将"箭头大小"设为2，将"圆心标记"选项组中的大小设为3.5，其余均采用原有设置，如图7-52所示。

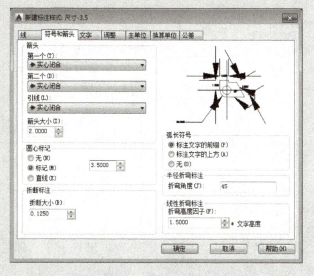

图7-52 设置"符号和箭头"选项卡

155

在该对话框中切换到"文字"选项卡,在该选项卡中设置尺寸文字方面的特性,将"文字样式"选为"标题字-3.5","从尺寸线偏移"设为1,"文字高度"设为3.5,其余采用原设置,如图7-53所示。

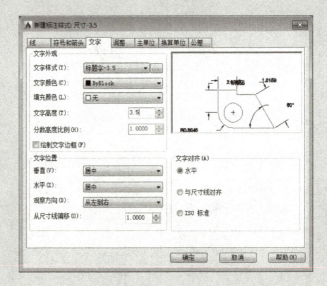

图7-53 设置"文字"选项卡

单击图7-53所示对话框中的"主单位"标签,切换到"主单位"选项卡,在该选项卡中进行有关设置。将线性标注的"单位格式"设为"小数",其"精度"设为0,角度标注的"单位格式"设为"十进制度数",其"精度"设为0,如图7-54所示。

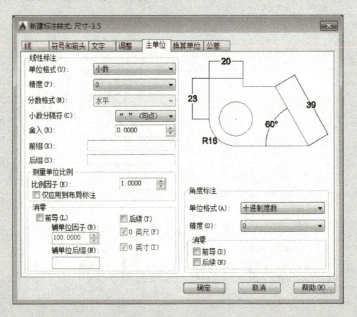

图7-54 设置"主单位"选项卡

单击对话框中的"确定"按钮,完成尺寸标注样式"尺寸-3.5"的设置,返回到"标注样式管理器"对话框,如图7-55所示。

从图7-55可以看出,新创建的标注样式"尺寸-3.5"已经显示在"样式"列表框中。将该样式置为当前样式,然后单击"关闭"按钮,关闭对话框,即可用样式"尺寸-3.5"标注尺寸。

项目七 绘制小游园绿化设计平面图

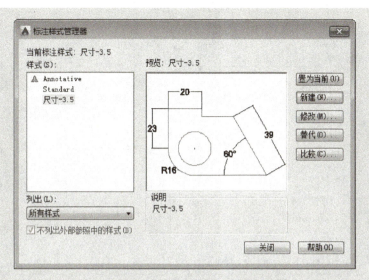

图 7-55 "标注样式管理器"对话框

用标注样式"尺寸-3.5"标注尺寸时，虽然可以标注出符合国标要求的大多数尺寸，但标注出的角度尺寸为图 7-56 所示的形式，不符合国标要求。国标规定：标注角度尺寸时，角度的数字一律写成水平方向，一般应注写在尺寸线的中断处，如图 7-57 所示。

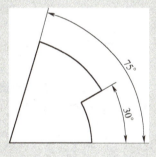 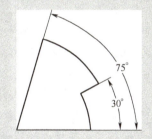

图 7-56 标注角度　　　　　　图 7-57 根据国标要求标注角度

为标注出符合国家标准的尺寸，还应在标注样式"尺寸-3.5"的基础上定义专门适用于角度标注的子样式。定义过程如下。

打开"标注样式管理器"对话框，在"样式"列表框选择"尺寸-3.5"选项，单击对话框中的"新建"按钮，打开"创建新标注样式"对话框，在该对话框的"用于"下拉列表中选择"角度标注"选项，其余设置保持不变，如图 7-58 所示。

单击对话框中的"继续"按钮，打开"新建标注样式"对话框，在该对话框中的"文字"选项卡中，选中"文字对齐"选项组中的"水平"单选按钮，其余设置保持不变，如图 7-59 所示。

图 7-58 设置角度标注样式

单击对话框中的"确定"按钮，完成角度样式设置，返回到"标注样式管理器"对话框，如图 7-60 所示。

157

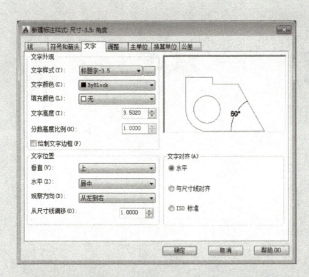

图7-59 "文字对齐"设为"水平"

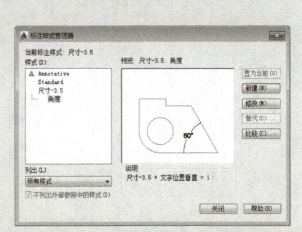

图7-60 "标注样式管理器"对话框

从图7-60中可以看出,AutoCAD在已有标注样式"尺寸-3.5"的下面引出标记为"角度"的子样式,同时在预览窗口中显示出对应的角度标注效果。将"尺寸-3.5"样式设为当前样式,单击"关闭"按钮,关闭对话框,即可完成尺寸标注样式的设置。

特别提醒:

尺寸标注常用的字高度为3.5和5,用户可以用标注样式"尺寸-3.5"为基础样式,定义标注尺寸文字字高为5的样式"尺寸-5"。该样式的主要设置要求如下:

1)"线"选项卡:将"基线间距"设为8,"超出尺寸线"设为2,"起点偏移量"设为1。

2)"符号和箭头"选项卡:将"箭头大小"设为3,将"圆心标记"选项组中的大小设为5,其余设置与"尺寸-3.5"样式相同。

3)"文字"选项卡:将"文字样式"设为对应的文字样式,将"文字高度"设为5,将"从尺寸线偏移"设为2,其余设置与"尺寸-3.5"样式相同。

其余选项卡的设置与"尺寸-3.5"样式相同。同样,创建"尺寸-5"样式后,也应该创建它的"角度"子样式,用于标注符合国标要求的角度尺寸。

3)定义属性。这里主要定义图7-41所示标题栏中位于括号内的文字对应的属性和图别、图号、日期等文字属性。一般来说,每一个属性有属性标记、属性提示和默认值等内容。本例需要创建的属性及其设置要求见表7-1。

表7-1 A4纵图框标题栏部分属性要求

属 性 标 记	属 性 提 示	默 认 值	功　　能
(设计单位名称)	输入单位名称	设计单位名称	填写单位名称
设计(实名)	输入设计人姓名	实名	填写设计人姓名
设计(签名)	设计人签名	签名	设计人签名
设计(日期)	填写设计日期	日期	填写设计日期
(工程名称)	输入工程名称	工程名称	填写工程名称
(图名)	输入图名	图名	填写图名
图别	输入图形类别	图别	填写图形类别
图号	输入图号	图号	填写图号
日期	输入绘图日期	日期	填写绘图日期

下面以创建属性标记为"（设计单位名称）"的属性为例说明属性的创建过程。

将"文字标注"图层置为当前层。选择"块定义面板"→"定义属性"命令，即执行"attdef"命令，打开"属性定义"对话框，在该对话框中进行对应的属性设置，如图7-61所示。

从图7-61中可以看出，确定了属性标记与提示、属性值、插入点位置，并在"文字选项"中的"文字样式"下拉列表中选择"标题栏-3.5"选项；在"对正"下拉列表中选择"中间"选项。单击图7-61所示对话框中的"确定"按钮，指定对应的位置，即可完成标记为

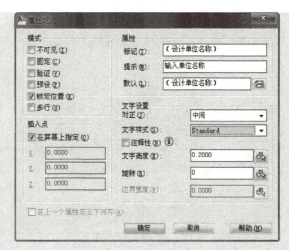

图7-61 设置属性

"（设计单位名称）"的属性定义，且AutoCAD将属性标记显示在相应位置，如图7-62所示。

	（设计单位名称）			

图7-62 定义"（设计单位名称）"属性

重复执行"attdef"命令，根据表7-1定义其他属性，结果如图7-63和图7-64所示（创建各属性时，应注意选择对应的文字样式与对正方式，均选择"中间"选项，审签栏的属性创建类似，此处省略）。

			（设计单位名称）		
审定	（实名）	（签名）	（日期）	（工程名称）	设计号	×1
审核	×××7				图别	×2
设计	×××8			（图名）	图号	×3
制图	×××9				日期	×4

图7-63 定义标题栏属性

（专业）	（实名）	（签名）	（日期）
×××1	×××4		
×××2	×××5		
×××3	×××6		

图7-64 定义审签栏属性

4）定义块。单击"块定义"面板中的"创建块"按钮，即执行"block"命令，打开"块定义"对话框，在该对话框中进行相关设置，如图7-65所示。

从图7-65可以看出，块名为"标题栏"，通过"拾取点"按钮将标题栏的右下角位置作为块基点，并通过"选择对象"按钮，选择标题栏的图框和属性标记文字对象，选中"转换为块"单选按钮，使得创建块后，自动将所选择对象转换成块。

单击对话框中的"确定"按钮，打开"编辑属性"对话框，如图7-66所示。此处不进行设置，直接单击"确定"按钮即可。

图 7-65 定义标题栏块

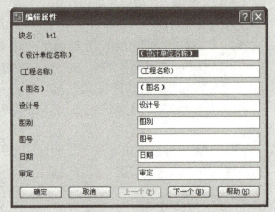

图 7-66 "编辑属性"对话框

此时,得到的标题栏图形已成为一个块。当需要填写标题栏时,直接双击标题栏对象,会打开"增强属性编辑器"对话框,如图 7-67 所示。

此时可通过大列表框,依次确定要输入属性值的项,在"值"文本框中输入对应的属性值,即所填写的内容。

3. 打印设置

打印设置包括打印设备设置、页面设置和打印样式表设置等。

选择"文件"→"页面设置管理器"

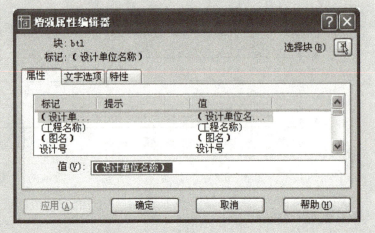

图 7-67 "增强属性编辑器"对话框

命令,即执行"pagesetup"命令,打开"页面设置管理器"对话框,如图 7-68 所示。

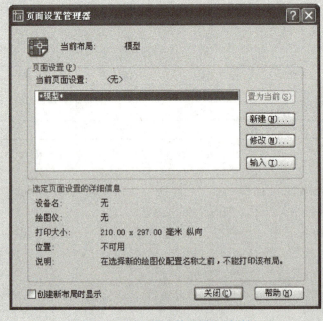

图 7-68 "页面设置管理器"对话框

单击"新建"按钮,打开"新建页面设置"对话框,在对话框的"新页面设置名"文本框中输入"A4图框页面设置",如图7-69所示。

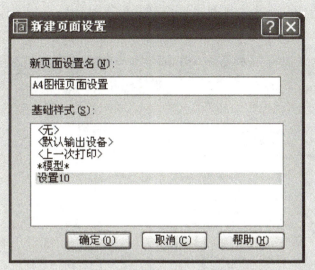

图7-69 "新建页面设置"对话框

单击"确定"按钮,打开"页面设置"对话框,在该对话框中进行相应的设置,如图7-70所示。

图7-70 "页面设置"对话框

从图7-70中可以看出,已完成的设置有:通过"打印机/绘图仪"选项组选择了打印机"Canon LBP 2900"(读者可根据自己使用的打印机或绘图仪进行设置),将"图纸尺寸"选为A4,将"打印范围"设为"图形界限",将"图形方向"设为"纵向"等。

单击"确定"按钮,返回到"页面设置管理器"对话框。单击对话框中的"置为当前"按钮,将"A4图框页面设置"设为当前打印设置。然后,单击"关闭"按钮,完成打印设置。

4. 保存样板文件

前面绘制了图框与标题栏,定义了标题栏块并进行打印设置等之后,即可将图形保存为样板文件(如有必要,还可以进行其他设置)。保存方法如下:

161

保存图形前，将文字样式"标题栏字-3.5"和尺寸样式"尺寸-3.5"设为当前样式；并通过选择"视图"→"缩放"→"全部"命令，将整个图幅显示在绘图区域内。

选择"文件"→"另存为"命令，打开"图形另存为"对话框。在该对话框中进行相应设置，如图7-71所示。

图7-71 "图形另存为"对话框

从图7-71中可以看出，通过"文件类型"下拉列表将文件保存类型选择为"AutoCAD 图形样板（*.dwt）"选项，并通过"文件名"文本框将文件命名为"Gb-a4"（AutoCAD 2015默认将样板文件保存在AutoCAD安装文件夹下的Template目录中）。

单击对话框中的"保存"按钮，打开"样板说明"对话框。在该对话框中输入对应的说明，如图7-72所示，单击"确定"按钮，完成样板文件的定义。

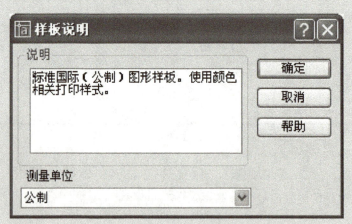

图7-72 "样板说明"对话框

思 考 题

1. 多段线与直线有哪些区别？

2. 图块与一般图形对象有哪些区别?
3. 如果在定义块时,新输入块名与原有块名相同会发生什么现象?块的重定义有什么作用?
4. 由"0"图层上对象定义的块与其他图层上对象定义的块有哪些区别?
5. 向一个图形文件添加图块或文件用什么命令?
6. 块属性有哪些作用?
7. 如何修改块属性的值?
8. 如何向一个现有的图块添加属性定义?
9. 试用"旋转"命令对任何一个图形进行旋转。

项目八　绘制园林小房子效果图

  学习目标

1. 熟练运用长方体、抽壳、UCS、导航等三维工具进行绘图。
2. 掌握"材质""新建背景""新建光源"等工具的运用。
3. 了解效果图渲染及保存图像技术。
4. 学会制作园林小房子及其周围环境的渲染效果图,如图 8-1 所示。

图 8-1　园林小房子效果图

 学习难点

1. 掌握材质特性的修改。
2. 掌握光源的修改。

知　识　篇

1. 用户坐标系

由于三维绘图环境不同于二维绘图环境,只使用世界坐标系是远远不够的。因此在开始绘制三维图形之前,我们先讨论一下三维坐标系。

（1）指定三维坐标

在三维绘图时,除了增加第三维坐标（即 Z 轴）之外,指定三维坐标与指定二维坐标是相同的。在

164

三维空间绘图时,要在世界坐标系(WCS)或用户坐标系(UCS)中指定X、Y、Z的坐标值,如点坐标(X,Y,Z)或@(X,Y,Z)。

(2)用户坐标系(UCS)

在AutoCAD中,用户可以根据需要定制自己的坐标系,即UCS坐标系。利用适当的UCS,可以容易地绘制出三维面、体,从而组合成为三维立体图。在AutoCAD中,命令提示如下:

> 命令:ucs
> 当前UCS名称:*世界*
> 输入选项[新建(N)/移动(M)/正交(G)/上一个(P)/恢复(R)/保存(S)/删除(D)/应用(A)/?/世界(W)]<世界>:n
> 指定新UCS的原点或[Z轴(ZA)/三点(3)/对象(OB)/面(F)/视图(V)/X/Y/Z]<0,0,0>:

特别提醒:

使用"ucs"命令时应了解以下选项:

1)"新建"(N):建立一个新的用户坐标系。
2)"Z轴"(ZA):用两点定义Z轴。
3)"三点"(3):用3点定义。
4)"对象"(OB):与被选中的实体建立关联。
5)"面"(F):用某个实体上被选中的表面。
6)"视图"(V):按当前的显示。
7)"X/Y/Z":沿X轴、Y轴或Z轴旋转。
8)"<0,0,0>":在指定的点处建立坐标原点(0,0,0)。
9)"移动"(M):在XY面移动原点或改变Z坐标定义一个新的用户坐标系。
10)"正交"(G):从6个事先定义好的坐标系(Top/Bottom/Front/Back/Left/Right)中选择一个作为用户坐标系。
11)"上一个"(P):将用户坐标系图标设置为前一次定义的用户坐标系。
12)"恢复"(R):使用原来保存的用户坐标系。
13)"保存"(S):保存当前的用户坐标系,其名称不得与其他坐标系名称重复。
14)"删除"(D):从当前图形的数据库中删除某个用户坐标系。
15)"应用"(A):将当前用户坐标系设置到某个指定的视窗中。
16)"?":列表显示所有已建立的用户坐标系。
17)"世界"(W):从用户坐标系切换到世界坐标系。

(3)右手定则

通过右手定则来确定三维坐标系的各方向。

右手定则是以人的右手作为判断工具,大拇指指向X轴正方向,食指指向Y轴正方向,然后弯曲其余3指,这3个手指的弯曲方向即为坐标系的Z轴正方向。

采用右手定则还可以确定坐标轴的旋转正方向,其方法是将大拇指指向坐标轴的正方向,然后将其余4指弯曲,此时弯曲方向即是该坐标轴的旋转正方向。

2. 三维绘图工具

在绘图时,特别是三维绘图中,经常需要创建面域。面域是指具有边界的平面区域。闭合多段线、直线和曲线都是有效的选择对象。对于已创建的面域对象,可以进行填充图案和着色等操作,还可通过差集、并集或交集创建组合面域。可在命令行中输入"region"后选择对象。

(1) 长方体的绘制

【图例练习1】绘制长、宽、高分别为 200×100×50 的长方体(视点为西南正等轴测图)。

操作过程: 单击"常用"选项卡→"建模"面板→"长方体"按钮,在绘图窗口中任意指定第一个角点,然后指定另一角点,输入相对坐标@(200,100,50),回车即可,结果如图8-2所示。

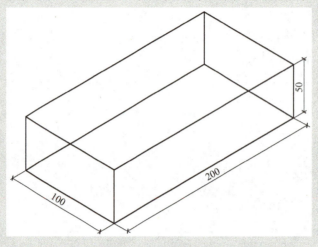

图8-2 绘制长方体

```
命令:_box
指定第一个角点或 [中心(C)]:                              任意指定第一个角点
指定其他角点或 [立方体(C)/长度(L)]:@200,100,50           回车
```

(2) "抽壳"的运用

如果想删除面,又想抽空厚度,则可使用"抽壳"命令。

【图例练习2】用"抽壳"工具修改图8-2中的长方体,抽壳距离为5。

操作过程:

单击"常用"选项卡→"实体编辑"面板→"抽壳"按钮,选择"长方体",删除上表面,输入抽壳距离5,回车即可,结果如图8-3所示。

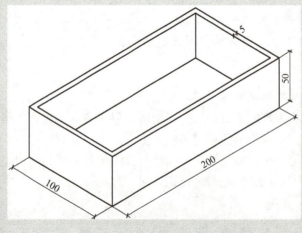

图8-3 用"抽壳"工具绘图

```
命令：_solidedit                                              "抽壳"命令
实体编辑自动检查：SOLIDCHECK = 1
输入实体编辑选项［面（F）/边（E）/体（B）/放弃（U）/退出（X）］<退出>：B
输入体编辑选项［压印（I）/分割实体（P）/抽壳（S）/清除（L）/检查（C）/放弃（U）/
退出（X）］<退出>：S
选择三维实体：                                                选择已绘制好的长方体
删除面或［放弃（U）/添加（A）/全部（ALL）］：找到一个面，已删除1个
                                                              单击长方体的上表面
删除面或［放弃（U）/添加（A）/全部（ALL）］：                    回车
输入抽壳偏移距离：5                                           回车
```

(3)"拉伸"的运用

三维"拉伸"可将图形按照方向、路径、倾斜角进行拉伸。

【图例练习3】用"拉伸"工具将图8-4中的圆沿曲线拉伸为弯曲实体。

图8-4 用"拉伸"工具绘图

操作过程：

1）绘制圆，视点为西南正等轴测图。

```
命令：_circle
指定圆的圆心或［三点（3P）/两点（2P）/切点、切点、半径（T）］：    任意捕捉一点
指定圆的半径或［直径（D）］<5.0000>：5
```

2）旋转坐标轴。绕X轴旋转90°。

```
命令：_ucs
当前UCS名称：*没有名称*
指定UCS的原点或［面（F）/命名（NA）/对象（OB）/上一个（P）/视图（V）/世界
（W）/X/Y/Z/Z轴（ZA）］<世界>：X
指定绕X轴的旋转角度<90>：                                      回车
```

3）用"样条曲线"绘制曲线。

```
命令：_spline                                                 "样条曲线"命令
指定第一个点或［对象（O）］：                                    任意指定
指定下一点：<正交 关>                                          任意指定
```

> 指定下一点或 [闭合 (C)/拟合公差 (F)] <起点切向>: 任意指定
> 指定下一点或 [闭合 (C)/拟合公差 (F)] <起点切向>: 任意指定
> 指定下一点或 [闭合 (C)/拟合公差 (F)] <起点切向>: 任意指定
> 指定起点切向: 调整至需要的形状,单击鼠标左键
> 指定端点切向: 调整至需要的形状,单击鼠标左键

4)单击"常用"选项卡→"建模"面板→"拉伸"按钮,用"拉伸"工具绘制弯曲实体,结果如图 8-5 所示。

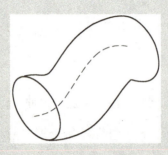

图 8-5 弯曲实体图

> 命令: _extrude   三维"拉伸"命令
> 当前线框密度: ISOLINES = 8
> 选择要拉伸的对象: 找到 1 个   选择已绘制的圆
> 选择要拉伸的对象: 回车
> 指定拉伸的高度或 [方向 (D)/路径 (P)/倾斜角 (T)] <2.6386>: p
> 选择拉伸路径或 [倾斜角 (T)]:   选择所绘曲线

(4)面拉伸的运用

面拉伸的对象为图形中的某个面,可沿路径、方向、倾斜角拉伸。

【图例练习4】用"面拉伸"工具将图 8-6 中的长方体上表面向上拉伸 5 个单位(视点为西南正等轴测图)。

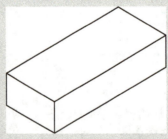

图 8-6 用"面拉伸"工具绘图

操作过程:单击"常用"选项卡→"实体编辑"面板→"面拉伸"按钮,选择长方体上表面,输入距离 5,回车即可。

(5)圆柱的绘制

可使用"圆柱"命令方便地绘制三维柱体。

【图例练习5】绘制图8-7中的圆柱（视点为西南正等轴测图）。

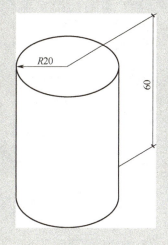

图8-7 绘制圆柱

操作过程：单击"建模"面板长方体图标的下拉菜单的"圆柱体"图标。

命令：_cylinder　　　　　　　　　　　　　　　　　　　　　　　　　　　"圆柱"命令
指定底面的中心点或 [三点 (3P)/两点 (2P)/切点、切点、半径 (T)/椭圆 (E)]：
　　　　　　　　　　　　　　　　　　　　　　　　　　在窗口上任意指定一点
指定底面半径或 [直径 (D)] <20.0000>：20
指定高度或 [两点 (2P)/轴端点 (A)] <60.0000>：60

(6) 布尔运算

1) 并集：将两个或多个被选中的实体组合成一个单一的实体。

【图例练习6】将图8-8中的两个实体合并为一个实体。

操作过程：单击"常用"选项卡→"实体编辑"面板→"并集"按钮，命令行提示如下：

命令：_union　　　　　　　　　　　　　　　　　　　　　　　　　　　　"并集"命令
选择对象：
指定对角点：找到 2 个　　　　　　　　　　　　　　　　　　选中图中的两个实体
选择对象：　　　　　　　　　　　　　　　　　　　　　　　　　　　　　　回车

绘制结果如图8-9所示。

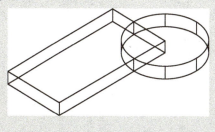

图8-8 两个实体

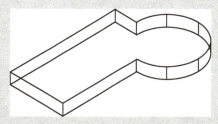

图8-9 并集后的实体

2）差集：从某个原实体中减去一个或多个实体。

【图例练习7】 将图8-8中的长方体通过"差集"命令，减去圆柱体。
操作过程： 单击"常用"选项卡→"实体编辑"面板→"差集"按钮，命令行提示如下：

```
命令：_subtract                                         "差集"命令
选择要从中减去的实体、曲面和面域...
选择对象：找到1个                                        选择长方体
选择对象：                                              回车
选择要减去的实体、曲面和面域...
选择对象：找到1个                                        选择圆柱体
选择对象：                                              回车
```

绘制结果如图8-10所示。

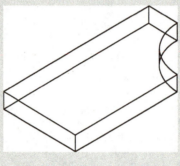

图8-10　差集后的实体

3）交集：用这个命令求出一组被选中实体的公共部分。

【图例练习8】 将图8-8中的两个实体通过"交集"命令，获得公共部分实体。
操作过程： 单击"常用"选项卡→"实体编辑"面板→"交集"按钮，命令行提示如下：

```
命令：_intersect                                        "交集"命令
选择对象：找到1个                                        选择长方体
选择对象：找到1个，总计2个                                选择圆柱体
选择对象：                                              回车
```

绘制结果如图8-11所示。

图8-11　交集后的实体

3. 三维动态观察

利用"视图"选项卡→"视口"工具面板→"导航栏"图标中的动态观察器，通过简单的鼠标操作对三维模型进行多角度观察，从而使操作更加灵活，观察角度更加全面。动态观察又分为受约束的动态

观察、自由动态观察和连续动态观察。

1）受约束的动态观察：沿 XY 平面或 Z 轴约束三维动态观察。

启用命令方法为："视图"→"导航"→"动态观察"。启用"动态观察"命令后，拖动鼠标（按下鼠标左键同时移动鼠标）。如果水平拖动，模型将平行于世界坐标系（WCS）的 XY 平面；如果垂直拖动，模型将沿 Z 轴移动。

2）自由动态观察：不参照平面，在任意方向上进行动态观察。沿 XY 平面和 Z 轴进行动态观察时，视点不受约束。

启用命令方法为："视图"→"导航"→"自由动态观察"。在拖动鼠标旋转观察模型时，鼠标位于转盘的不同部位，指针会显示为不同形状，也会产生不同的显示效果。

3）连续动态观察：连续地进行动态观察。在要使连续动态观察移动的方向上单击并拖动鼠标，然后松开鼠标，轨迹沿该方向继续移动。

启用命令方法为："视图"→"导航"→"连续动态观察"。此时在绘图区域中单击并沿任意方向拖动鼠标，使对象沿正在拖动的方向开始移动。若松开鼠标，对象会在指定的方向上继续沿着它们的轨迹运动。光标移动时设置的速度决定了对象的旋转速度。

实 战 篇

1. 剖析园林小房子效果图绘制流程

本例通过学习制作图 8-1 所示的小房子及其周围环境的渲染效果图，掌握实体绘制、赋材质方法、设置背景、创设平行光与点光源，以及如何单独修改某一对象上的材质，最后保存渲染图像。

绘制房子需要用"长方体"工具和"抽壳"工具。房子由外墙、内墙、房顶、地面和台阶构成，由于赋给对象的材质将贴在对象的所有表面，而房子的内壁为白色粉刷墙壁，外壁为砖墙，所以要将墙壁做成两个实体。地面包括内和外两部分：房内的地板和房外起散水作用的地面。另外房子还有蓝色玻璃窗和木门。草坪是为产生阴影而设置的，选择的背景图像有草坪，但阴影不能投射在背景上，所以应选择与背景颜色相近的材质作为草坪，这样渲染后可以使用户绘制的图形与背景较好地融合，产生浑然一体的感觉。

材质不同的实体不能通过布尔运算来合并，所以尽管现实中墙壁、房顶、台阶、地面是一个整体，这里却要各自为一个独立的实体。图形中实体较多，应通过"材质"对话框的"将材质应用到对象"按钮选择不同实体所赋材质；如所赋材质特性已改变，还必须重新将该材质赋予相应的对象。光源的建立直接影响到效果的渲染，本例新建了一个平行光和一个点光源，平行光使房子产生阴影，点光源照亮室内，透过玻璃窗可以看清地板的图案。

绘制好图形中所有实体后，为实体赋材质、调整材质、设置背景和光源等。

2. 设置绘图初始环境

（1）图幅

2500mm×2100mm。

（2）图层

1）玻璃窗。颜色：蓝色，默认设置。

2）草坪。草绿色。

3）窗框。材质库中装饰金属，青铜，光滑。

4）地面。颜色浅灰色。

5）地板。材质库中红橡木。

6）台阶。材质库中混凝土，平面，灰色。

7)房顶。颜色:浅黄色。

8)门。材质库中胡桃木。

9)内墙。颜色:白色。

10)外墙。材质库中均匀顺砌褐色砖石。

(3)自动捕捉方式

端点、中点。

(4)设置视点

西南等轴测,光源位置依效果而定。

3. 绘制园林小房子实体

作为渲染效果图房子的尺寸不需要很精确,只要保证各部分比例协调即可。

(1)绘制外墙

先用"长方体"命令绘制一个 600×500×300 的长方体,对长方体进行抽壳操作,抽壳壁厚为 30,抽壳时移去上表面。窗户和门绘制成长方体,通过布尔运算从外墙减去。绘制结果如图 8-12 所示。

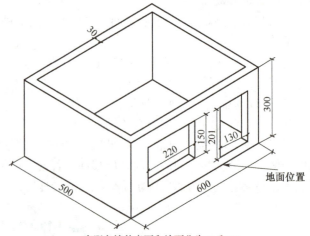

窗距左墙外表面和地面分为 80 和 90
门距右墙外表面 50,距地面 30

图 8-12 房子外墙

操作过程:

1)绘制外墙实体。

命令:_box	"长方体"命令
指定长方体的角点或 [中心点(CE)] <0,0,0>:	在窗口上任意指定第一个角点
指定角点或 [立方体(C)/长度(L)]:@600,500,300	回车
命令:_solidedit	"抽壳"命令
实体编辑自动检查:SOLIDCHECK=1	
输入实体编辑选项 [面(F)/边(E)/体(B)/放弃(U)/退出(X)] <退出>:B	
输入体编辑选项 [压印(I)/分割实体(P)/抽壳(S)/清除(L)/检查(C)/放弃(U)/退出(X)] <退出>:S	
选择三维实体:	选择已绘长方体
删除面或 [放弃(U)/添加(A)/全部(ALL)]:找到一个面,已删除 1 个	
删除面或 [放弃(U)/添加(A)/全部(ALL)]:	回车
输入抽壳偏移距离:30	回车

2)绘制窗实体。

命令:_box	
指定长方体的角点或 [中心点(CE)] <0,0,0>:	在窗口上任意指定第一个角点
指定角点或 [立方体(C)/长度(L)]:@220,30,150	回车

3)绘制门实体。

命令:_box	
指定长方体的角点或 [中心点(CE)] <0,0,0>:	在窗口上任意指定第一个角点
指定角点或 [立方体(C)/长度(L)]:@130,30,201	回车

4) 移动窗实体（两次移动）。

命令：_move	"移动"命令
选择对象：找到 1 个	选择所绘窗实体
选择对象：	回车
指定基点或位移：	捕捉所绘窗实体的左下角点
指定位移的第二点或 <用第一点作位移>：	捕捉小房子实体的左下角点
命令：MOVE	
选择对象：找到 1 个	选择所绘窗实体
选择对象：	回车
指定基点或位移：	捕捉小房子实体的左下角点
指定位移的第二点或 <用第一点作位移>：@80，0，90	回车

5) 移动门实体。

命令：_move	
选择对象：找到 1 个	选择所绘门实体
选择对象：	回车
指定基点或位移：	捕捉所绘门实体的右下角点
指定位移的第二点或 <用第一点作位移>：	捕捉小房子实体的右下角点
命令：MOVE	
选择对象：找到 1 个	选择所绘门实体
选择对象：	回车
指定基点或位移：	捕捉小房子实体的右下角点
指定位移的第二点或 <用第一点作位移>：@-50，0，30	回车

6) 墙体中减去窗和门实体。

命令：_subtract	"差集"命令
选择要从中减去的实体或面域…	
选择对象：找到 1 个	选择所绘小房子实体
选择对象：	回车
选择要减去的实体或面域…	
选择对象：找到 1 个	选择所绘门实体
选择对象：找到 1 个，总计 2 个	选择所绘窗实体
选择对象：	回车

（2）绘制地板、台阶和地面

1) 绘制地板。地板用长方体表示，借助外墙内部下表面的对角点可以直接确定长方体的底面，再输入高度1，地板底面刚好紧贴外墙内部下表面。这样绘制的 box 没有包括门框处的地板，再借助门框底面的对角点确定一个小的长方体的底面，高度仍为1，如图 8-13 所示。

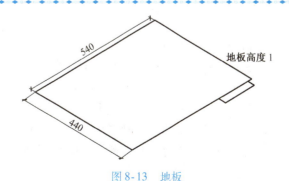

图 8-13 地板

```
命令：_box
指定长方体的角点或［中心点（CE）］<0，0，0>：        捕捉外墙内部下表面的一个角点
指定角点或［立方体（C）/长度（L）］：              捕捉外墙内部下表面的对角点
指定高度：1                                          回车
命令：BOX
指定长方体的角点或［中心点（CE）］<0，0，0>：        捕捉门框底面的一个角点
指定角点或［立方体（C）/长度（L）］：              捕捉门框底面的对角点
指定高度：1                                          回车
```

2）绘制台阶。台阶由三个长方体构成，尺寸分别为 200×90×11、200×65×10 和 200×40×10，通过布尔运算合并得到整体的台阶。再用"move"命令将台阶移到实际位置，移动时基点捕捉平台上表面后侧中点，目标点捕捉门框下表面外侧中点，绘制结果如图 8-14 所示。

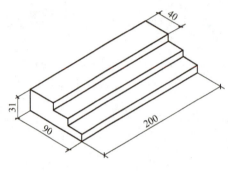

图 8-14　台阶

① 绘制最上层一个台阶。

```
命令：_box
指定长方体的角点或［中心点（CE）］<0，0，0>：                    任意指定
指定角点或［立方体（C）/长度（L）］：@200，40，10                回车
命令：_copy                                                       复制两个台阶
选择对象：找到 1 个                        选择刚才绘制的@200，40，10 台阶实体
选择对象：                                                        回车
指定基点或位移：捕捉所绘台阶的一个角点，指定位移的第二点或 <用第一点作位移>：
                                                                  任意指定
指定位移的第二点：                                                任意指定
指定位移的第二点：*取消*
```

② 绘制中间的一个台阶。

```
命令：_solidedit                                              "抽壳"命令
实体编辑自动检查：SOLIDCHECK=1
输入实体编辑选项［面（F）/边（E）/体（B）/放弃（U）/退出（X）］<退出>：F
输入面编辑选项［拉伸（E）/移动（M）/旋转（R）/偏移（O）/倾斜（T）/删除（D）/复制
（C）/着色（L）/放弃（U）/退出（X）］<退出>：E                 "面拉伸"命令
选择面或［放弃（U）/删除（R）］：找到 1 个面                  选择需要拉伸的面
```

选择面或［放弃（U）/删除（R）/全部（ALL）］：　　　　　　　　　　　　　回车
指定拉伸高度或［路径（P）］：25
指定拉伸的倾斜角度 <0>：　　　　　　　　　　　　　　　　　　　　　　　回车

③ 绘制最下层的一个台阶。

命令：_solidedit
实体编辑自动检查：SOLIDCHECK =1
输入实体编辑选项［面（F）/边（E）/体（B）/放弃（U）/退出（X）］<退出>：F
输入面编辑选项［拉伸（E）/移动（M）/旋转（R）/偏移（O）/倾斜（T）/删除（D）/复制（C）/着色（L）/放弃（U）/退出（X）］<退出>：E
选择面或［放弃（U）/删除（R）］：找到1个面　　　　　　　选择需要拉伸的面
选择面或［放弃（U）/删除（R）/全部（ALL）］：　　　　　　　　　　　　　回车
指定拉伸高度或［路径（P）］：50
指定拉伸的倾斜角度 <0>：　　　　　　　　　　　　　　　　　　　　　　　回车
命令：_solidedit
实体编辑自动检查：SOLIDCHECK =1
输入实体编辑选项［面（F）/边（E）/体（B）/放弃（U）/退出（X）］<退出>：F
输入面编辑选项［拉伸（E）/移动（M）/旋转（R）/偏移（O）/倾斜（T）/删除（D）/复制（C）/着色（L）/放弃（U）/退出（X）］<退出>：E
选择面或［放弃（U）/删除（R）］：找到1个面　　选择所绘@200，40，10台阶实体的上表面
选择面或［放弃（U）/删除（R）/全部（ALL）］：　　　　　　　　　　　　　回车
指定拉伸高度或［路径（P）］：1
指定拉伸的倾斜角度 <0>：　　　　　　　　　　　　　　　　　　　　　　　回车

④ 三个台阶对齐放置。

命令：_move
选择对象：找到1个　　　　　　　　　　　　　选择所绘@200，40，10台阶实体
选择对象：　　　　　　　　　　　　　　　　　　　　　　　　　　　　　　　回车
指定基点或位移：　　　　　　　　　　　　捕捉所绘@200，40，10台阶实体的左下角点
指定位移的第二点或 <用第一点作位移>：　　捕捉刚才拉伸长度为25的实体的左上角点
命令：MOVE
选择对象：　　　　　　　　　　　　　　　　　　　　选择刚才拉伸50的实体
指定基点或位移：　　　　　　　　　　　　　捕捉刚才拉伸长度为50的实体的左上角点
指定位移的第二点或 <用第一点作位移>：　　捕捉刚才拉伸长度为25的实体的左下角点
命令：_union　　　　　　　　　　　　　　　　　　　　　　　　　　"并集"命令
选择对象：　　　　　　　　　　　　　　　　　　　选择所绘3个台阶的实体
指定对角点：找到3个
选择对象：　　　　　　　　　　　　　　　　　　　　　　　　　　　　　　　回车

3）绘制地面。地面由一个 760×710×3 的长方体和一个 420×120×3 的长方体通过布尔运算合并而成，如图 8-15 所示。地面绘制好后，将其水平移动到外墙与台阶到地面各边的距离基本相等的位置。

175

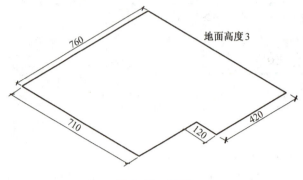

图 8-15 地面

操作过程：

> 命令：_box
> 指定长方体的角点或 [中心点（CE）] <0, 0, 0>：　　　　　　　　　　　任意指定
> 指定角点或 [立方体（C）/长度（L）]：@760, 710, 3
> 命令：BOX
> 指定长方体的角点或 [中心点（CE）] <0, 0, 0>：
> 　　　　　　　　　　　　　　　　　　　捕捉@760, 710, 3 的长方体右前方下角点
> 指定角点或 [立方体（C）/长度（L）]：@420, 120, 3
> 命令：_union
> 选择对象：　　　　　　　　　　　　　　　　　　　　　　　选择所绘 2 个实体
> 指定对角点：找到 2 个
> 选择对象：　　　　　　　　　　　　　　　　　　　　　　　　　　　　　回车

特别提醒：
画外墙、台阶和地面时，定义长方体都没有使用捕捉功能，且高度为正值，因此外墙、台阶和地面的下表面部在 $Z=0$ 的位置上，应将外墙、地板、台阶同时向上移动 3 个单位，使外墙、台阶的下表面与地面的上表面在同一高度，如图 8-16 所示。

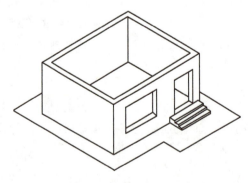

图 8-16 外墙、地板、台阶

（3）绘制内墙

借助地板上表面的一个顶点和外墙上表面内侧的一个顶点可以确定一个长方体的两个对角点，从而直接绘制长方体，对长方体进行抽壳操作，选择地板靠门窗一侧的棱线，就可以同时移去两个面，抽壳壁厚为 2。如果绘制前墙，需要绘制窗框和门框，因为从正面观察看不到内墙的前墙，因此省略。内墙

的绘制结果如图 8-17 所示。

（4）绘制门

绘制 65×5×200 的长方体，双开门的另一扇可以通过复制得到。将右边的门以门右侧下面的棱线中点为基点轴旋转 30°，得到半开的效果。门的绘制结果如图 8-18 所示。

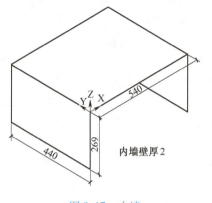

图 8-17 内墙

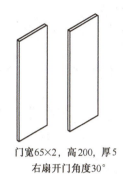

图 8-18 门

操作过程：

```
命令：_box
指定长方体的角点或［中心点（CE）］<0，0，0>：           任意指定
指定角点或［立方体（C）/长度（L）］：@65，5，200
命令：_copy                                            "复制"命令
选择对象：                                             选择所绘门实体
指定对角点：找到 1 个
选择对象：                                             回车
```

（5）绘制窗户

窗户的绘制包括两部分：窗框和玻璃。绘制结果如图 8-19 所示。

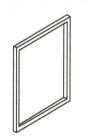 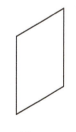

玻璃宽度101，高度138，厚度1
窗框宽度220，高度150，厚度6，每边宽度6

图 8-19 窗

1）窗框。绘制尺寸为 113×6×150 的长方体窗框，先对长方体进行抽壳操作，移去前后两个表面，抽壳壁厚6，另一扇通过复制得到。然后移动窗框使窗框前后方向的中点与外墙窗框前后方向的中点对齐。

操作过程：

```
命令：_box
指定长方体的角点或［中心点（CE）］<0，0，0>：           任意指定
```

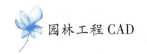

```
指定角点或［立方体（C）/长度（L）］：@113，6，150
命令：_solidedit
实体编辑自动检查：SOLIDCHECK =1
输入实体编辑选项［面（F）/边（E）/体（B）/放弃（U）/退出（X）］＜退出＞：B
输入体编辑选项［压印（I）/分割实体（P）/抽壳（S）/清除（L）/检查（C）/放弃（U）/退出（X）］＜退出＞：S
选择三维实体：                              选择113×6×150的窗框实体
删除面或［放弃（U）/添加（A）/全部（ALL）］：找到1个面，已删除1个
                                            单击鼠标左键选择窗框前表面
删除面或［放弃（U）/添加（A）/全部（ALL）］：找到1个面，已删除1个
                                            再次选择窗框前表面
删除面或［放弃（U）/添加（A）/全部（ALL）］：
                                            回车
输入抽壳偏移距离：6
```

2）玻璃。借助一个窗框内侧的两个对角点确定长方体的两个对角点，长方体高度1（玻璃厚度）。另一扇窗玻璃通过复制生成。

操作过程：

```
命令：_solidedit
实体编辑自动检查：SOLIDCHECK =1
输入实体编辑选项［面（F）/边（E）/体（B）/放弃（U）/退出（X）］＜退出＞：E
输入边编辑选项［复制（C）/着色（L）/放弃（U）/退出（X）］＜退出＞：C
选择边或［放弃（U）/删除（R）］：           选择窗框内侧面的第一条边
选择边或［放弃（U）/删除（R）］：           选择窗框内侧面的第二条边
选择边或［放弃（U）/删除（R）］：           选择窗框内侧面的第三条边
选择边或［放弃（U）/删除（R）］：           选择窗框内侧面的第四条边
选择边或［放弃（U）/删除（R）］：           回车
指定基点或位移：                            捕捉窗框内侧面的一个对角点
指定位移的第二点：                          任意指定
输入边编辑选项［复制（C）/着色（L）/放弃（U）/退出（X）］＜退出＞：  回车
命令：_region                               创建面域
选择对象：                                  选择刚才实体复制的4条边
指定对角点：找到4个
选择对象：                                  回车
已提取1个环
已创建1个面域
命令：_extrude
当前线框密度：ISOLINES =4
选择对象：找到1个                           选择刚才创建的面域
选择对象：                                  回车
指定拉伸高度或［路径（P）］：1
指定拉伸的倾斜角度＜0＞：                   回车
```

完成窗户的绘制后，小房子的实体应如图 8-20 所示。

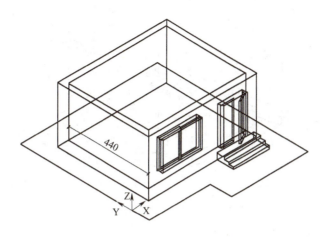

图 8-20 房子草图

（6）绘制房顶

恢复世界坐标系，绘制一个 680×580×30 的长方体表示房顶，将长方体移动到使其下表面与外墙上表面平齐，且外墙各边到房顶各边的距离基本相等。

操作过程：

```
命令：_box
指定长方体的角点或［中心点（CE）］<0，0，0>：                              任意指定
指定角点或［立方体（C）/长度（L）］：@680，580，30
```

（7）绘制草坪

绘制一个 2200×2100×（-5）的长方体表示草坪。草坪高度取负值以保证草坪上表面位于 $Z=0$ 的平面上。因为插入前景时，如果不进行捕捉，直接在屏幕上拾取一点，这点将在 $Z=0$ 的平面上，草坪上表面不高于 $Z=0$ 的平面可以避免前景有一部分埋入草坪。将草坪移动到后侧上表面棱线中点与外墙外部下表面后侧中点对齐。草坪的绘制结果如图 8-21 所示。

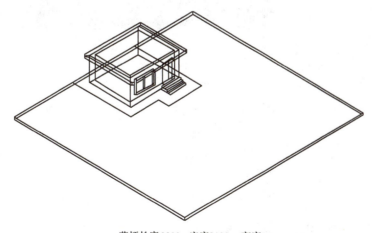

草坪长度2200，宽度2100，高度-5

图 8-21 绘制草坪

房子绘制完成后，如图 8-22 所示。

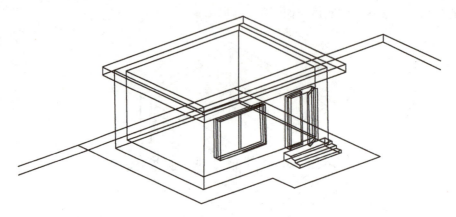

图 8-22　房子结构图

4. 小房子实体赋材质

（1）材质基础知识

为模型的各个部分赋予材质，是创建渲染对象的第一步，也是最关键的一步。这是因为赋予材质直接决定渲染着色效果。在材质的选择过程中，不仅要了解实体本身的物质属性，还需要配合场景的实际用途、采光条件等。

通过该选项板可以直接选择并赋予三维对象材质，选择材质并拖动光标，将材质拖动到图形对象上即可将该材质赋予当前对象。

1）材质浏览器。在 AutoCAD 中，要将创建的模型渲染成真实的物体，不仅需要通过材质浏览器赋予模型材质，还需要对这些材质进行更细微的设置，从而使设置的材质达到惟妙惟肖的真实效果。

利用材质浏览器添加材质时，可在"可视化"选项卡下"材质"面板中单击"材质浏览器"按钮，此时可在列表框中选用需要的材质，并单击材质右边的按钮将所需材质添加到"文档材质"中，如图 8-23 所示。

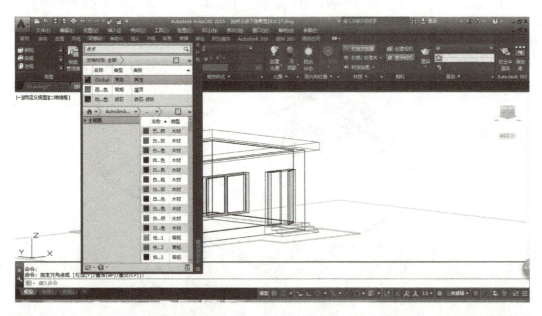

图 8-23　材质浏览器

2）材质编辑器。单击"文档材质"中材质右边的"编辑"按钮，弹出"材质编辑器"，可以设置对象的反射率、透明度、半透明度、自发光和材质样例尺寸等参数，如图 8-24 所示。

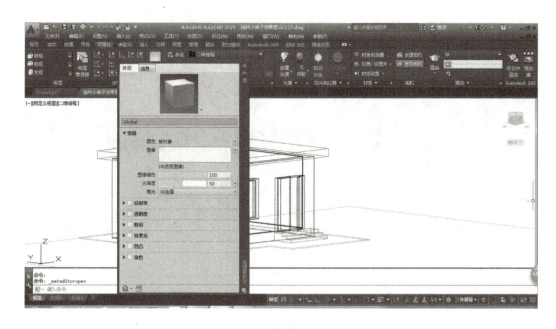

图 8-24　材质编辑器

① 反射率：该选项主要用于设置材质的反光度。所设置的反射率越高，表示物体的表面越光滑，此时表面上的亮显区域较小但显示较亮；反之，所设置的反射率越小，表示物体表面越粗糙，就可以将光线反射到较多方向，所以其表面上的亮显区较大且显示较柔和的亮显。

② 透明度：该选项主要用于设置具有一定透明度的对象让光源穿过其表面（不适用于金属材质类型）。所设置的透明度越低，表示穿越该表面的光源越弱；反之，所设置的透明度越高，表示穿越该表面的光源越强。当透明度设置为 0 时，该对象将不具有透明度。

③ 半透明度：该选项主要用于设置材质的半透明度。半透明对象传递光线时，在对象内也会散射部分光线，即影响光线的透过率。该选项就是控制此类对象的半透明度，以控制光线透过该实体后的强弱程度。这里半透明度以百分比为单位，当半透明值为 0.0 时，材质不透明；当半透明值为 100.0 时，材质完全透明，它不适用于金属样板和真实金属样板。

④ 自发光：此选项用于设置材质的自发光特性。当设置为大于 0 的值时，可以使对象自身显示为发光而不依赖于图形中的光源。

⑤ 材质样例尺寸：单击"材质编辑器"图像右边的倒三角，弹出下拉菜单，单击"编辑图像"，又弹出"纹理编辑器"，可对其中的样例尺寸进行编辑，改变材质的渲染效果，样例尺寸适宜时，可单击其右边的方框按钮进行尺寸锁定，如图 8-25 所示。

（2）小房子赋材质和着色

现将不同材质和颜色赋给不同图层上的图形，单击"可视化"选项卡→"材质"面板中的材质浏览器，弹出"材质"对话框。

首先，在材质库中分别选择均匀顺砌、褐色砖石，混凝土、平面、灰色 1，胡桃木，铝框、青铜、光滑等材质赋给外墙、台阶、门和窗框。这四种材质会自动出现在"材质"对话框中，如图 8-26 所示。

其次，在材质浏览器中选择地板、玻璃窗的材质，分别选用红橡木和蓝色玻璃；草坪可直接将对象特性改为"草绿色"，而房顶则选用淡黄色。

最后，调整对象颜色。利用对象特性选择需要的颜色，内墙、台阶和地面分别选择白色、浅灰色与浅灰色。

（3）调整材质特性

以外墙附着均匀顺砌、褐色砖为例，单击"材质浏览器"文档材质中的"均匀顺砌、褐色砖"右边

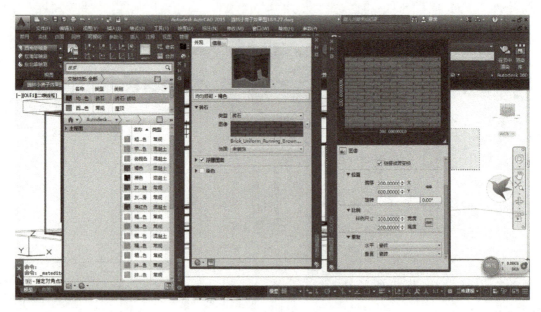

图 8-25　编辑材质样例尺寸

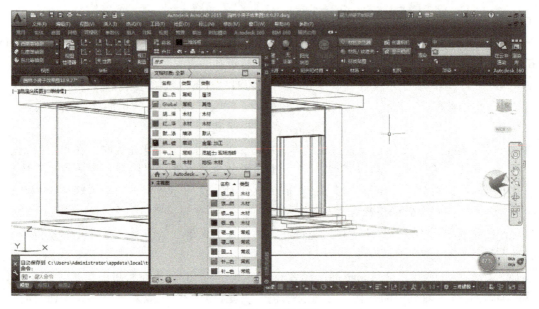

图 8-26　材质选用

"编辑材质"按钮,弹出"材质编辑器"对话框,再单击其"图像"右边的"编辑图像"倒三角,单击快捷菜单中的"编辑图像",弹出"纹理编辑器",如图 8-27 所示。

在此对话框中,位置和比例依据渲染效果而定,不同的材质具有不同的数值。尤其是样例尺寸直接影响效果,如本例的外墙材质宽度与高度分别为 300、200,渲染效果也较好,调整后的样例尺寸还需单击其右侧的方框进行锁定。同样,对台阶、门和窗框等材质进行逐一调整,再赋于实体。材质附着实体,可以直接选中"材质浏览器"相应材质拖动到实体;也可先选中实体,再移动光标至"材质浏览器"的材质上右击,单击快捷菜单中的"指定给当前选择"即可。

(4) 渲染效果

渲染后的效果如图 8-28 所示,看到房子后面没背景,砖墙看起来太暗,房内没亮度,玻璃窗没有应有的效果。因此,还需要设置光源和背景,以提高图形效果。

项目八 绘制园林小房子效果图

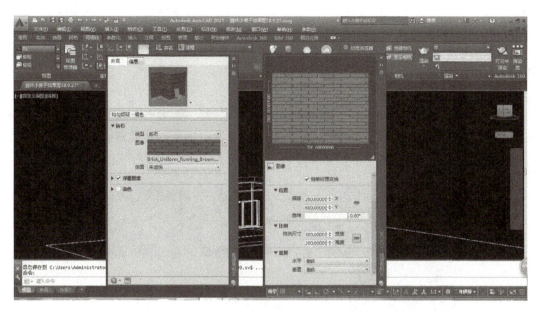

图 8-27 材质纹理编辑器

图 8-28 渲染后效果图

5. 设置光源

（1）光源类型

不论在真实世界或模拟世界，光源的重要性无可替代。真实世界中的光源不仅给了人们一个明亮的世界，而且在当代高速发展的经济社会中发挥着积极的作用；而模拟世界中的光源是抽象的，它是根据设计者自己的思想假想光源的存在，从而为设计意图增加更真实的透明度。

1）点光源。点光源是从光源处发射的呈辐射状的光束。点光源可以用于在场景中添加充足光照效果，或者模拟真实世界的点光源照明效果，它一般用作辅光源。此外，可以通过选择创建的点光源，然后通过拖动光源夹点调整光源的位置，从而改变点光源的照射效果，也可以直接新建 ucs 坐标来改变点光源的位置。

2）聚光灯。聚光灯是常用的一种灯光，是光线从一点朝向某个方向发散。打开目标点后，用户可以根据实际需要调整其照明方向，用于模拟各种具有方向的照明。聚光灯常用于制作建筑效果中的壁灯、射灯以及特效中的主光源。聚光灯离照射物体越远，照射效果越明显；反之，则照射效

183

果不明显。

3）平行光。平行光可以在一个方向上发射平行的光线，就像太阳光照射在地球表面上一样。平行光主要用于模拟太阳光的照射效果。在创建平行光时，首先关闭默认的阳光光源，然后单击"平行光"按钮，选取平行光的位置和照射方向即可创建平行光。

（2）设置光源特性

如果要模拟特定环境下的真实效果，则需要设置光源。另外，如果当前系统中没有添加任何光源物体，则系统使用默认的光源效果。要设置光源，可单击"光源"面板右边的斜箭头"模型中的光源"按钮，此时可以选择列表中的光源类型来设置相应参数，如图 8-29 所示。

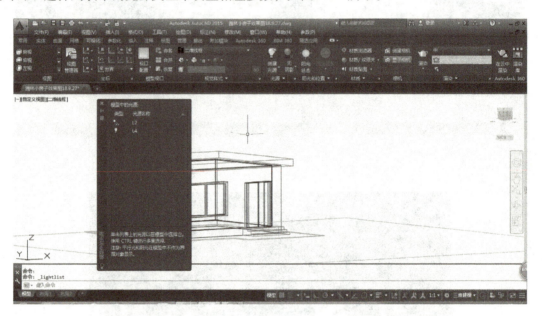

图 8-29　光源列表

1）设置点光源特性。在"模型中的光源"列表中选择点光源，并右击，然后选择"特性"选项，则打开"点光源特性"选项板，如图 8-30 所示。

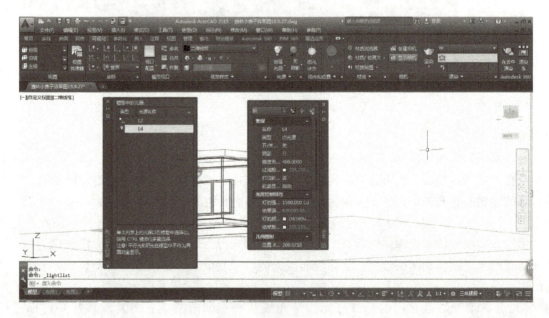

图 8-30　设置点光源特性

在该特性选项板中,除了可以查看并编辑点光源的常规特性外,还可以通过"阴影"选项控制光源在照射图形时是否投影,"强度因子"选项控制光源的亮度,"过滤颜色"选项控制照射光线的颜色。

2)设置聚光灯特性。要设置聚光灯特性,在"模型中的光源"中选择聚光灯光源并右击,然后选择"特性"选项,打开"聚光灯特性"面板。该面板中直接影响聚光灯照射效果的主要是"位置""聚光角角度"和"衰减角度"选项,除了利用拖动夹点的方法来改变角度和移动位置外,也可以在该面板中设置相应的角度和位置坐标来改变照射效果。

3)设置平行光特性。对于创建的平行光,在视图中不显示其轮廓,因此无法通过夹点来改变其照射效果。单击"模型中的光源"→"平行光"并右击,选择"特性"选项,在打开的"平行光特性"面板中即可设置平行光特性,如图8-31所示。

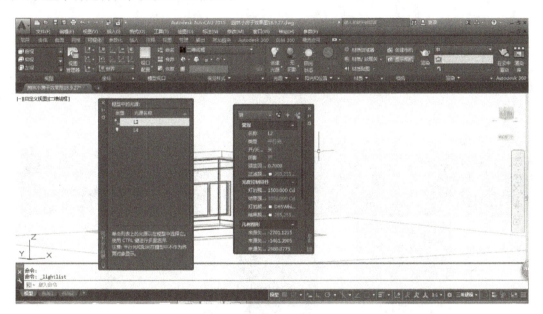

图8-31 设置平行光特性

4)设置阳光特性。在AutoCAD中,阳光是不需要创建的,就像自然界的太阳光源一样,除了可以通过"阳光状态"工具控制阳光的打开或关闭外,还可以通过"阳光和位置"面板的下拉菜单,为模型指定的地理位置以及日期和当日时间来控制阳光的角度。它除了可以通过"阳光和位置"面板右侧斜箭头"阳光特性"修改特性外,由于太阳光受地理位置的影响,因此在使用太阳光时,还可以通过"地理位置"对话框修改,其中的时区由位置决定,但也可以通过系统变量TIMEZONE独立调整。

当需要调整阳光的特性时,单击"阳光特性"斜箭头按钮,打开"阳光特性"面板。在该特性面板中可以设置阳光的状态、颜色、强度因子等,设置完成后关闭该特性面板。

(3)创建光源

1)点光源。单击"光源"面板→"创建光源"→"点光源",如图8-32所示。

在命令行中输入光源位置,可任意选择一个固定点(如小房子的左下角点),再对点光源的名称、强度、状态、阴影、衰减和颜色进行设定,这些参数需要反复调整与渲染观察效果,才能得到好的效果图。强度、状态、阴影、衰减和颜色等参数设定为:强度400,状态选"开",阴影选"开"、光线柔和,衰减选"线性反比",颜色默认(也可选择白炽灯的橙黄色)。另外,光源位置还可以用"移动"工具改变,如本例中相对于原位置的点坐标改为@300,250,270,如图8-33所示。

2)平行光。单击"平行光"按钮,在命令行输入光源来向坐标(0,0,0),指定光源去向坐标(1500,1500,-500),强度0.9,状态选"开",阴影选"开"、光线柔和,渲染后如图8-34所示。

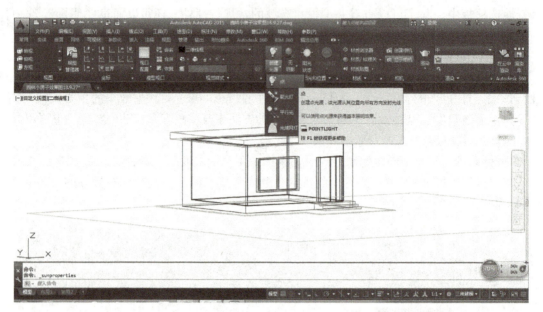

图 8-32　创建点光源

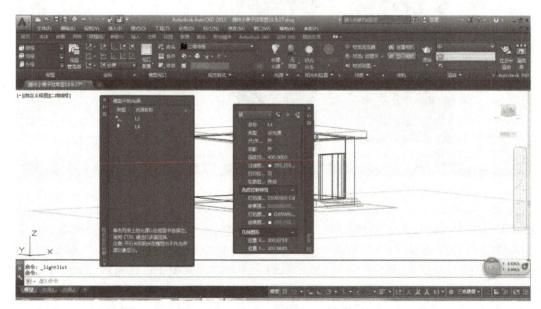

图 8-33　设定点光源特性

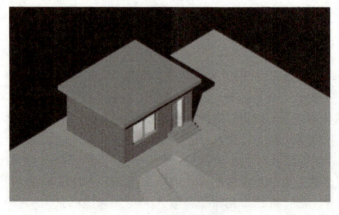

图 8-34　渲染后效果图

6. 设置背景与保存

（1）设置背景

单击"可视化"选项卡→"视图"面板→"视图管理器"按钮，弹出"视图管理器"对话框，如图8-35所示。

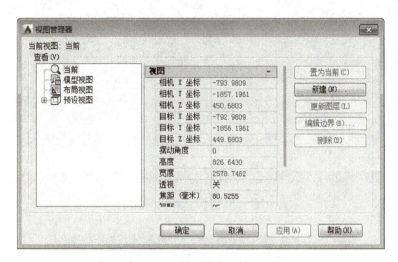

图8-35 "视图管理器"对话框

单击"新建"按钮，弹出新建视图对话框，设置视图特性。视图名称定为"背景1"，背景选项选"图像"，出现图像选择窗口，如图8-36所示。

选择一幅背景图像，最好带有草坪，这样可与实体效果图草坪过渡自然，如图8-37所示。

图8-36 选择图像

图8-37 设置图像特性

将新建背景"置为当前"并应用，再确定，结果如图8-38所示。

单击"视图"选项卡→"视口"工具面板→"导航栏"按钮，单击其工具条中的"动态观察"按钮，适当调整小房子的显示状态，渲染后效果如图8-39所示。

（2）保存图像

利用渲染窗口的文件菜单进行保存，如图8-40所示。

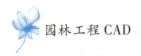

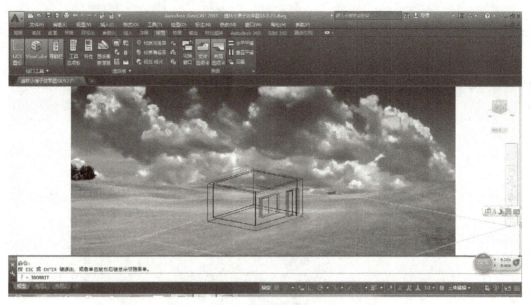

图 8-38　设置背景后房子实体图

图 8-39　小房子渲染效果图

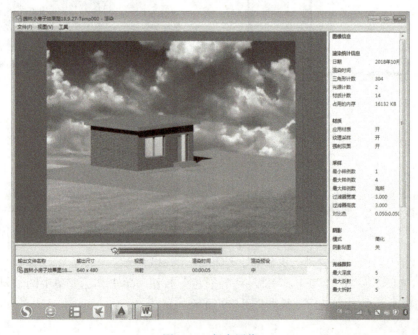

图 8-40　保存图像

思 考 题

1. 如何创建面域？创建实体的方法有哪些？
2. "拉伸"与"面拉伸"有何区别？
3. 移动三维实体应注意什么？
4. 什么是用户坐标系？什么是世界坐标系？它们之间有何区别？
5. 如何调整材质的效果？
6. 光源有哪几种类型？各有何特点？
7. 环境光过强或过弱会产生什么影响？
8. 效果图如何保存？

项目九　图纸布局与打印输出

学习目标

1. 了解模型空间、图纸空间与布局的概念。
2. 学会新建布局。
3. 熟悉页面设置有关知识。
4. 掌握图形打印技术。

学习难点

掌握页面设置相关技术。

1. 学习模型空间与图纸空间等知识

（1）模型空间与图纸空间

模型空间是创建和编辑图形的三维空间，用户的大部分绘图和设计工作都是在模型空间中完成的。我们前面所做的图形操作，都是模型空间中进行的。在模型空间中，位于绘图区左下角的坐标系图标（UCS）如图 9-1 所示。

图纸空间就好比是一张图纸的二维空间，它与模型空间完全无关。可以在图纸空间创建浮动视口，用来显示模型空间的图形。在图纸空间中，位于绘图区左下角的坐标系图标（UCS 图标）如图 9-2 所示。

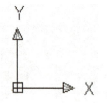
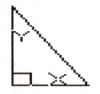

图 9-1　模型空间的 UCS 图标　　　　图 9-2　图纸空间的 UCS 图标

我们可以这样理解模型空间、图纸空间和浮动视口的关系：图纸空间是一张图纸，浮动视口是在图纸上剪开的一个孔洞，通过它可以看见模型空间的图形。

（2）布局的概念

布局是一个已经指定了页面大小及打印设置的图纸空间。在布局中，可以创建和定位浮动视口、添加标题栏等，通过布局可以模拟图形打印在图纸上的效果。

通过绘图区左下角的"模型"选项卡与"布局"选项卡可以方便地进行绘图空间的转换。

项目九 图纸布局与打印输出

在布局中，我们可以在激活浮动视口的模型空间中工作。在图纸空间状态中，双击浮动视口，即可激活视口，进入模型空间工作；在非视口区双击，即可回到图纸空间。通过单击状态栏中"模型/图纸"切换按钮也可以方便地转换绘图空间。

2. 新建布局

（1）新建布局途径

1）使用"布局向导（LAYOUTWIZARD）"命令循序渐进地创建一个新布局。

2）使用"来自样板的布局（LAYOUT）"插入基于现有布局样板的新布局。

3）单击布局标签，利用"页面设置"对话框创建一个新布局。

（2）创建新布局

为加深对布局的理解，下面我们以图例练习来创建新布局。

【图例练习1】使用布局向导，为图2-28足球场平面图创建一个A4图纸的新布局。

操作过程：

1）打开图2-28足球场平面图，从菜单栏中选择"插入→布局→创建布局向导"选项，弹出"创建布局-开始"对话框，在对话框左边列出了创建布局的步骤，如图9-3所示。

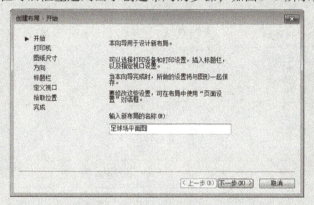

图9-3 "创建布局-开始"对话框

2）在"输入新布局的名称"栏中键入"足球场平面图"，然后单击"下一步"按钮，屏幕出现"创建布局-打印机"对话框，如图9-4所示。

图9-4 "创建布局-打印机"对话框

3）为新布局选择一种配置好的打印设备，例如Canon LBP2900，然后单击"下一步"按钮。屏幕出现"创建布局-图纸尺寸"对话框，如图9-5所示。

191

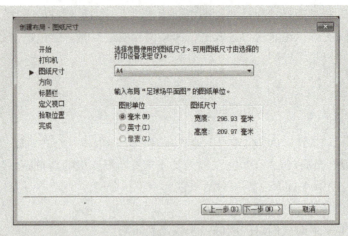

图9-5 "创建布局-图纸尺寸"对话框

4）选择图形单位为"毫米"，图纸尺寸为"A4"。单击"下一步"按钮，屏幕出现"创建布局-方向"对话框，如图9-6所示。

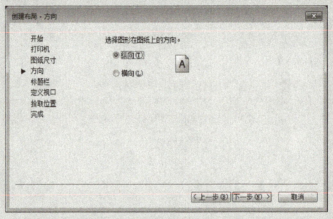

图9-6 "创建布局-方向"对话框

5）确定图形在图纸上的方向为"纵向"，单击"下一步"按钮，屏幕出现"创建布局-标题栏"对话框，如图9-7所示。

图9-7 "创建布局-标题栏"对话框

6）选择文件"A4纵图框.dwg"，将其输入到当前布局中来，可以指定所选的文件是作为块插入。单击"下一步"按钮，屏幕出现"创建布局-定义视口"对话框，如图9-8所示。

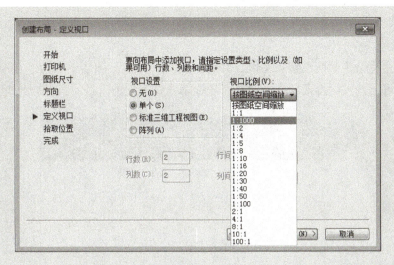

图 9-8 "创建布局-定义视口"对话框

7) 设置新建布局中视口数目为"单个",视口比例选自定义的 1:1000,即把模型空间的足球场图形缩小 1000 倍显示在视口中,单击"下一步"按钮,出现"创建布局-拾取位置"对话框,如图 9-9 所示。

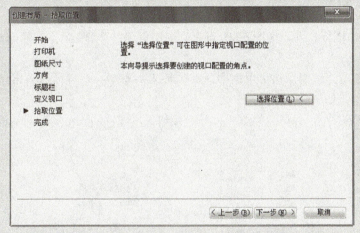

图 9-9 "创建布局-拾取位置"对话框

8) 单击"选择位置"按钮,AutoCAD 切换到图纸窗口,捕捉 A4 纵图框中间空白区域的两个对角点来确定视口的大小和位置,然后返回对话框。单击"下一步"按钮,出现"创建布局-完成"对话框,如图 9-10 所示。

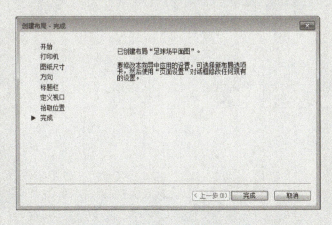

图 9-10 "创建布局-完成"对话框

9) 单击"完成"按钮,结束新布局的创建,一个包含图纸页面大小、视口、图框和标题栏的布局出现在屏幕上。

10) 用移动命令将错位的图框移入图纸,并将其放到"图框"图层中。为了在布局输出时只打印视图而不打印视口边框,可以将视口边框所在图层冻结或设置为不可打印,如图9-11所示。

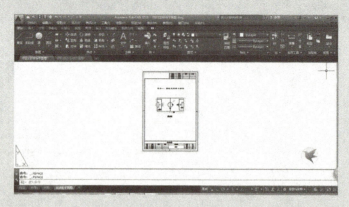

图9-11　A4纵图框布局

【图例练习2】使用样板文件,为图3-21石桌立面图创建一个A4图纸的新布局。

操作过程:

1) 打开图3-21石桌立面图,从菜单栏中选择"插入→布局→来自样板的布局"选项,弹出"从文件选择样板"对话框,如图9-12所示。

2) 选择文件"A4纵图框.dwt",单击"打开"按钮,出现"插入布局"对话框,如图9-13所示。

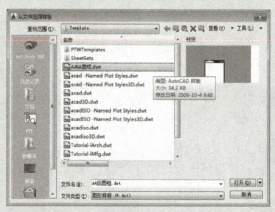

图9-12　"从文件选择样板"对话框

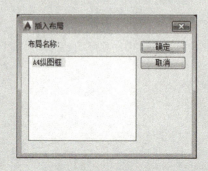

图9-13　"插入布局"对话框

3）单击"确定"，完成样板图框的插入，结果如图9-14所示。

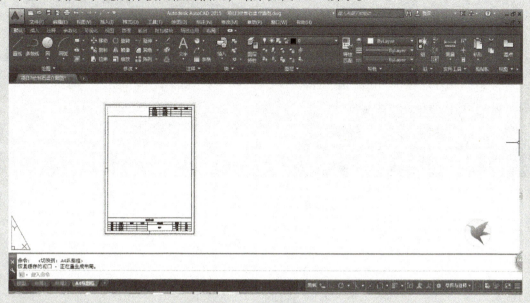

图9-14　A4纵图框布局

思路拓展

除上述方法外，也可将光标放在左下方的布局选项卡右击，在弹出的快捷菜单中直接选择"从样板"。

特别提醒：

1）所绘图形如需打印在一定的图框内，可采用上述两例新建布局，在图纸空间打印较为方便。

2）所绘图形如是简易打印，仅在相应图纸上直接打印，无需图框，则应在模型空间快速出图；或在图纸空间进行页面设置，然后打印。

【图例练习3】利用"页面设置"对话框为图6-14庭院灯立面图创建一个新布局，无需标题栏和图框，直接打印图形。

1）单击"布局1"标签，鼠标右击，在快捷菜单中单击"页面设置管理器"选项，在弹出的"页面设置管理器"对话框中单击"修改"选项，弹出"页面设置-布局1"对话框，如图9-15所示。

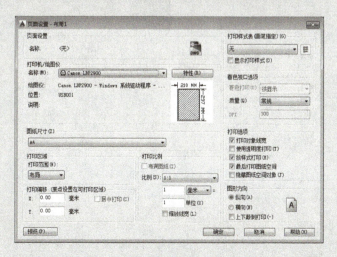

图9-15　"页面设置-布局1"对话框

2）单击"打印机"选项卡，在打印机名称下拉列表中选择"Canon LBP2900"。

3）图纸尺寸选择"A4"，打印比例为"1:1"，图形方向选择"纵向"。

4）单击"确定"按钮，进入"布局1"，完成创建。其中的虚线矩形框是要打印区域，如果需要调整可打印区域，可在打印机特性按钮中进行设定；视口线框位置应根据出图需要调整好，视口比例应设为1:5，如图9-16所示。

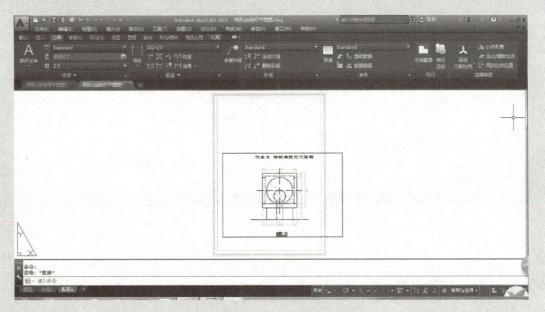

图9-16　创建的新布局

特别提醒：

图形进行简易打印，通常直接在模型空间单击文件菜单中的"页面设置管理器"，在绘图窗口选择好打印区域，设置好页面，再打印图形，如图9-17所示。

图9-17　模型空间设置页面

3. 创建布局浮动视口

用布局向导创建的布局往往是单一视口或相同大小的视口阵列，在实际工作中常常根据需要增加新视口，以反映模型空间中不同的视图。

(1) 创建浮动视口命令

命令：_ VPORTS 或菜单：视图→视口→一个视口。

特别提醒：
1) 使用该命令时，相关参数的含义为：
① 指定视口的角点：指定创建视口的角点。
② 指定对角点：指定创建视口的对角点。
③ 开：打开一个视口，将其激活并使它的对象可见。
④ 关：关闭一个视口。如果视口被关闭，则其中的对象不被显示，用户也不能将此视口置为当前。
⑤ 布满：创建充满可用显示区域的视口。视口的实际大小由图纸空间视图的尺寸决定。
⑥ 锁定：锁定当前视口显示。使"缩放"（ZOOM）和"平移"（PAN）不能作用于当前视口。
⑦ 对象：将指定的多段线、椭圆、样条曲线、面域和圆转换成视口。选定的多段线必须是闭合的且至少具有三个顶点。
⑧ 多边形：用指定的点来创建不规则形状的视口。
2) 另外，在"视口"工具栏中以下几个按钮均为视口创建工具：
① 创建一个多边形视口。
② 将闭合的对象转化为视口。
③ 将现有的视口边界重新定义。

(2) 创建浮动视口过程

在图9-11 A4纵图框布局中，用"新建视口"命令增加视口，用来显示其他图形。

【图例练习4】在图9-11 A4纵图框布局文件中，将图3-21石桌立面图绘制在其模型空间，并按设定的两个比例尺，调整视口与显示，拟将两图打印在同一图框的A4图纸上。

1) 首先在图9-11 A4纵图框的空白处双击，激活视口，将原有的足球场平面图适当上移与置中，视口比例为1∶1000，调好后在亮显视口外的任意地方快速双击，固定视口比例。为方便绘图，可单击视图选项卡，关闭视口工具面板中的坐标系，如图9-18所示。

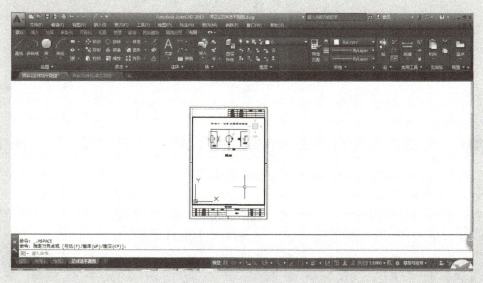

图9-18 调整图形位置与视口比例

2）在图纸空间，单击视图菜单视口中的一个视口，在图纸区域中适当位置绘制矩形浮动视口，如图9-19所示。

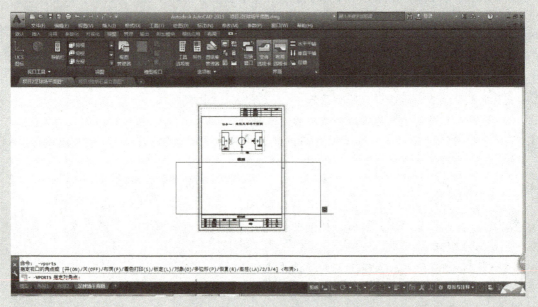

图9-19 创建一个浮动视口

3）双击新建的浮动视口区域，进入浮动视口的模型空间，被激活的视口边框会加粗显示，按住滑轮不松开，将石桌立面图平移至视口中央，如图9-20所示。

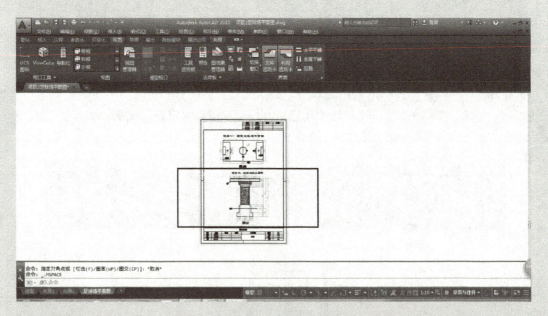

图9-20 激活浮动视口

4）在右下方的状态栏选择视口显示比例1:10，再将立面图移至视口中央。注意：此时不要缩放视图，否则视口内图形的显示比例将会改变，这会导致输出图形的比例不正确，如图9-21所示。

5）如果对视口大小和位置不满意，可单击图纸空间的视口线，用"夹点编辑"和"移动"命令对视口进行修改。

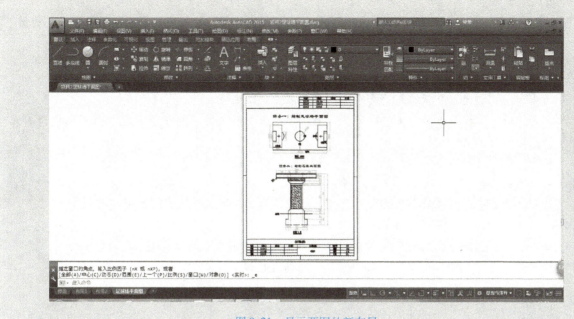

图9-21　显示两图的新布局

特别提醒：

1）在视口线的内部任意处双击，会激活视口；在视口线的外部任意处双击，会固定视口比例不变化。

2）所建视口应放在相应的图层里，在打印图形时可冻结该图层或设置不打印，以确保视口边框不被打印。

3）在同一图纸上打印不同比例的多图，适于图纸空间设置多视口打印，简捷、效果好。

（3）文字高度与尺寸标注在视口中的比例适配

1）文字高度适配。在模型空间输入文字时需要考虑打印的比列因子，以便在图纸上获得符合规范的文本字高。例如：绘制打印比例因子为1∶100的图形时，在图中写入50个单位高的文字才能在最终图纸上得到0.5高的字。在图纸中如果有不同比例的图样，则每一比例图样都将有特定的文字高度规格。

2）尺寸标注外观大小适配。在尺寸标注上也同样存在比例的问题，但不必像修改文字高度一样逐个修改，只需打开标注样式中"调整"选项卡内的"按布局（图纸空间）缩放标注"选项，然后在调整好显示比例的视口中对标注进行样式更新即可。

【图例练习5】对上例中各视口内的尺寸标注进行外观大小适配。

1）单击"标注"面板的标注样式，弹出"标注样式管理器"对话框，在"样式"列表中单击已建的"标注样式1"，再单击"置为当前"按钮，然后单击"修改"按钮。

2）在"修改标注样式1"对话框中，单击"调整"选项卡，将"按布局（图纸空间）缩放标注"选项打开。单击"确定"按钮回到"标注样式管理器"对话框，再单击"关闭"按钮，结束标注样式修改。

3）单击状态栏的"图纸"按钮，转换到视口模型空间，单击"规划设计图"视口区域，激活该视口。

4）单击"标注"工具栏的标注更新工具，在视口中框选所有标注后按回车，即可见到标注的外观大小重新进行了调整。

5）采用同样方法，依次对其他视口内的标注进行更新。

(4) 布局编辑

布局在创建后如需修改，可用右键单击布局选项卡，调出"布局编辑快捷菜单"进行相应的修改。

> **特别提醒：**
> 在该菜单中，相关选项的含义为：
> 1) 新建布局：创建一个新的布局选项卡，布局名会自动生成。
> 2) 来自样板：从样板或图形文件中复制布局。样板或图形文件中的布局（包括此布局中所有几何图形）将被插入到当前图形。
> 3) 删除：删除当前选中的布局，"模型"选项卡不能删除。
> 4) 重命名：给当前布局重新命名，布局名必须唯一，最多可以包含255个字符。
> 5) 移动或复制：改变当前布局的排列位置。如果选择创建副本复选框，则复制当前布局。
> 6) 选择所有布局：选项中本图形文件的所有布局。
> 7) 页面设置：调出"页面设置"对话框，可以对当前布局进行页面设置。
> 8) 打印：调出"打印"对话框，可以对当前布局进行设置及打印。

4. 打印图形

将布局中的视图调整、编辑好后，就可以把它打印输出了。

命令：PLOT。

菜单：文件→打印。

如图9-22所示，直接单击"确定"按钮，即可打印已设置布局的图9-11和图9-21等图形。

图9-22 "打印"对话框

> **特别提醒：**
> 在"打印"对话框中，相关选项的含义为：
> 1) 打印机名称：显示当前打印机，可以从列表中选择一种可用打印机。

2) 图纸尺寸：显示当前的图纸尺寸，可以从列表中选择一种当前打印机支持的图纸尺寸。

3) "打印区域"选项组：用于设置图形的打印范围。"打印范围"下拉列表中可选择要输出图形的范围，包括"窗口""范围""图形界限""显示""布局"。

① "窗口"选项：用户根据需要用窗口选择相应的打印区域。

② "范围"选项：打印出图形中所有的对象。

③ "图形界限"选项：按照用户设置的图形界限来打印图形，此时在图形界限范围内的图形对象将打印在图纸上。

④ "显示"选项：打印绘图窗口内显示的图形对象。

⑤ "布局"选项，按照图纸空间视口创建和页面设置相关要求，打印该布局内的对象。

4) "打印偏移"选项组：用于设置图纸打印的位置。在默认状态下，AutoCAD将从图纸的左下角打印图形，其打印原点的坐标是（0，0）。

① "X""Y"数值框：设置图形打印的原点位置，此时图形将在图纸上沿X轴和Y轴移动相应的位置。

② "居中打印"复选框：在图纸的正中间打印图形。

5) "打印比例"选项组：用于设置图形打印的比例，通常设置为1∶1，即按布局的实际尺寸打印输出。

① "布满图纸"复选框：自动按照图纸的大小适当缩放图形，使打印的图形布满整张图纸。选择"布满图纸"复选框后，"打印比例"选项组的其他选项变为不可选状态。

② "比例"下拉列表：用于设置图形的打印比例。当用户选择相应的比例选项后，系统将在下面的数值框中显示相应的比例数值。

6) 预览：对打印图形的效果进行预览。要退出打印预览，单击鼠标右键并选择"退出"，或按空格键后回到打印设置即可。

【图例练习6】将图9-11布局打印输出到文件"足球场平面图.pdf"。

在图纸空间单击"打印"工具，弹出"打印"对话框，选择打印机"DWG To PDF.pc3"，如图9-23所示。

图9-23　选择打印机

修改打印机特性：单击"特性"，弹出"绘图仪配置编辑器"对话框，如图9-24所示。

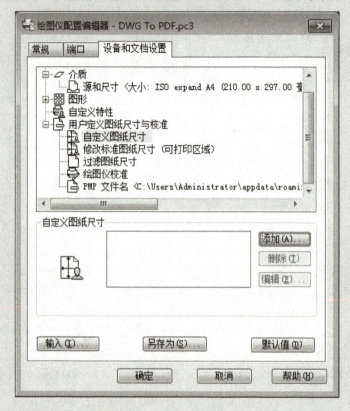

图9-24 修改打印机特性

单击"添加"按钮，创建新图纸，如图9-25所示。

单击"下一步"，设置介质边界，在原有A4图纸210×297的基础上，宽度和高度各增加10mm，改为220×307，如图9-26所示。

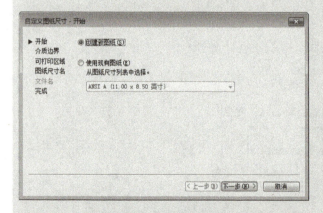

图9-25 创建新图纸　　　　　　　　　　　图9-26 设置图纸大小

注意：如不适当加大尺寸，会有部分图框线不能打印。

单击"下一步"，设置可打印区域，将其边界全改为"0"，如图9-27所示。

单击"下一步"，输入图纸尺寸名"足球场"，再单击"下一步"完成。回到"打印"对话框，在图纸尺寸栏选择"足球场"，如图9-28所示。

打印范围采用"窗口"，捕捉A4图框的对角点，并选择"居中打印"，如图9-29所示。

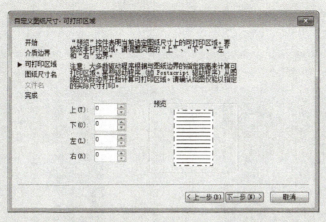

图9-27 设置可打印区域

图9-28 "打印"对话框

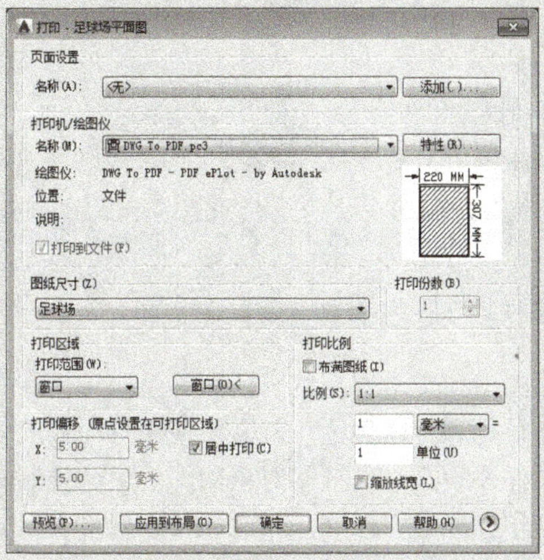

图9-29 修改打印设置

单击"确定",出现"浏览打印文件"对话框,选择适宜的文件保存地址和文件名后,再单击"保存"即可,如图9-30所示。

图9-30 打印文件

生成的 PDF 文件如图 9-31 所示。

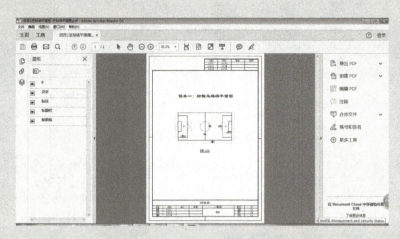

图 9-31 足球场平面图 PDF 文件

> **特别提醒：**
> CAD 的图形文件（.dwg）在传送或移至另一绘图环境时，有时会发生图形元素丢失，或因环境设置不同而使图形失去原有的效果，因此本例介绍 PDF 文件的生成，目的就是避免这些情况的发生。

5. 用打印样式表控制打印效果

在绘图中，常常用颜色来区别各类对象。在【图例练习 6】的打印过程中，如果想控制各种颜色图线的打印线宽和打印颜色，就需要使用打印样式表。

打印样式表是定义打印对象输出效果的控制集合，它可以控制各类对象的打印颜色、线型和线宽等效果。打印样式表文件（.stb 或 .ctb）保存在 AutoCAD 安装目录下的 Plot Styles 子目录中，可以把设定好的打印样式表文件拷到另一台连接有输出设备的计算机上进行输出。打印样式表一经创建，就可以在有需要的打印任务中调用，无需重新创建。

下面用一个例子来说明如何创建和使用打印样式表。

【图例练习 7】打开图 3-21，为其布局创建一个打印样式表，具体操作如下：

1）打开"图 3-21　石桌立面图.dwg"，激活其布局。

2）在其布局右击，在弹出的菜单中选取"页面设置"选项进行修改，单击"打印样式表"下拉按钮，然后单击"新建"按钮（如果需要使用已有的打印样式表，可以从打印样式表名称列表中选择），弹出"添加颜色相关打印样式表-开始"对话框。

3）选择"创建新打印样式表"选项，单击"下一步"按钮，弹出"添加颜色相关打印样式表-文件名"对话框。

4）输入文件名为"石桌立面图打印样式"，单击"下一步"按钮，弹出"添加颜色相关打印样式表-完成"对话框。

5）选择"对当前图形使用此打印样式表"选项，单击"打印样式表编辑器"按钮，弹出"打印样式表编辑器-石桌立面图打印样式.ctb"对话框。

6）单击"表格视图"选项卡，然后进行颜色和线型设定。

7）单击"保存并关闭"按钮完成设定，回到添加颜色相关打印样式表-完成对话框，单击"完成"按钮，回到"页面设置"对话框。

8)单击"确定"按钮,此时在布局中显示的是应用了打印样式表后的外观效果,我们可观察到图线的线宽和颜色均被修改了。

9)单击"打印"按钮即可将图纸打印样式表的要求打印输出。

特别提醒:

在打印样式表的创建过程中,掌握打印样式表编辑器的使用是关键,在这里对它做一个简要的说明。

打印样式表编辑器是一个创建和修改打印样式的工具,一般包括两种选项卡。

(1)"基本"选项卡

"基本"选项卡包括以下两个重要的选项。

1)说明:显示当前打印样式表文件的说明。

2)向非 ISO 线型应用全局比例因子:在打印样式中可以对非 ISO 线型和填充图案应用全局比例因子。

(2)"表格视图"选项卡

"表格视图"选项卡包括以下选项。

1)打印样式列表:显示与 1~255 号颜色相关的打印样式名称。

2)特性区:显示当前选择的打印样式特性。

3)颜色:打印样式颜色的缺省设置为"使用对象颜色"。如果为打印样式分配颜色,则打印时使用分配的颜色,而不考虑对象的颜色。

4)淡显:可以选择颜色密度设置,决定 AutoCAD 打印时图纸上墨水的量,有效范围为 0~100。选择 0 表示将颜色削弱为白色,选择 100 将使颜色以最浓的方式显示。

5)线型:打印样式线型的缺省设置为"使用对象线宽"。如果为打印样式分配线宽,打印样式的线宽不考虑打印对象的线宽。

6)填充样式:AutoCAD 提供实心、棋盘形、交叉线、菱形、水平线、左斜线、右斜线、方形点和垂直线等填充样式。填充样式用于实体、多段线、圆环和 3D 面。

参 考 文 献

[1] 图灵. 新编中文 AutoCAD 2000 教程 [M]. 上海：上海交通大学出版社，2005.
[2] 张华. 园林 AutoCAD 教程 [M]. 北京：中国农业出版社，2002.
[3] 刑黎峰. 园林计算机辅助设计教程 [M]. 北京：机械工业出版社，2004.
[4] 黄和平，易臻. 中文版 AutoCAD 2009 室内装潢设计 [M]. 北京：清华大学出版社，2009.